高职高专通信技术专业系列教材

电波与天线

张照锋　谭立容　袁迎春　编著

U0377926

西安电子科技大学出版社

内 容 简 介

　　本书根据职业教育教学改革的理论，在作者多年的课程改革实践经验的基础上编写而成，是一本实用性强、易于教学的项目式课程教材。主要内容包括 8 个项目，分别是：用模拟法描绘静电场、测量地磁场、用 HFSS 观察平面电磁波、用 HFSS 仿真线天线、用 HFSS 仿真天线阵、用 HFSS 仿真宽频带天线、用 HFSS 仿真波导缝隙天线、用 HFSS 仿真喇叭天线。

　　本书可作为高职高专院校无线电专业的教材，也可供从事与天线相关工作的技术人员参考。

图书在版编目(CIP)数据

电波与天线/张照锋，谭立容，袁迎春编著.
－西安：西安电子科技大学出版社，2012.8(2021.1重印)
ISBN 978 - 7 - 5606 - 2815 - 8

Ⅰ. ① 电… 　Ⅱ. ① 张… 　② 谭… 　③ 袁… 　Ⅲ. ① 电波传播－高等职业教育－教材
② 天线－高等职业教育－教材 　Ⅳ. ① TN011 　② TN82

中国版本图书馆 CIP 数据核字(2012)第 111708 号

责任编辑　张　媛　苗　娟　万晶晶
出版发行　西安电子科技大学出版社(西安市太白南路 2 号)
电　　话　(029)88242885　88201467　　邮　编　710071
网　　址　www.xduph.com　　　　电子邮箱　xdupfxb001@163.com
经　　销　新华书店
印刷单位　广东虎彩云印刷有限公司
版　　次　2012 年 8 月第 1 版　2021 年 1 月第 2 次印刷
开　　本　787 毫米×1092 毫米　1/16　印　张　11.5
字　　数　268 千字
印　　数　3001～3600 册
定　　价　27.00 元

ISBN 978 - 7 - 5606 - 2815 - 8/TN

XDUP 3107001 - 2

前　言

根据高等职业教育的人才培养目标要求，在教学实施中，不仅要求学生掌握一定的基础理论知识，更要强调培养学生的实践能力及分析问题与解决问题的能力，以提高学生的综合职业能力。如何在有限的时间内，有效地完成课程的理论与实践两个部分的教学任务，使学生具有较强的实践技能和技术应用能力，一直是困扰专业课教学的一大难题。究其原因，笔者认为，一方面，在大多数职业技术院校中，学生的基础较差，理解能力较弱，使教学进度与学生的掌握程度不容易同步，很难形成教与学的良性循环；另一方面，教学手段单一，理论课老师往往是"一支粉笔一本书"，内容的讲解常常是"空"而"虚"，难以被学生消化吸收，实验课老师则经常重复一些机械动作，实验内容更多的是简单验证理论结果，很少能引发学生对理论知识本身的深层思考。因此，传统的教学模式很难激发学生的学习兴趣，教学效果欠佳，教学效率不高。

为了解决上述问题，近年来国内外教育部门和相关专家大力倡导一种新的教学模式——项目式教学，它是以工作任务为中心选择和组织课程内容，并以完成工作任务为主要学习方式的课程模式，其目的在于加强课程与工作之间的相关性，整合理论与实践，提高学生职业能力培养的效率。本教材就是笔者在长期教学积累的基础上，将项目式教学的模式应用在"电波与天线"这门专业课的一次尝试。

HFSS(High Frequency Structure Simulator)是美国 Ansoft 公司推出的三维电磁仿真软件，是世界上第一个商业化的三维结构电磁场仿真软件，是被业界公认的三维电磁场设计和分析的电子设计工业标准，是天线设计、仿真不可或缺的工具。

学习"电波与天线"这门课，除了掌握必要的基本理论外，更重要的是掌握如何用HFSS对典型天线进行设计、分析，从而得到天线的各种特性参数（即教材中所选择的项目式教学内容）。

本教材共分 8 个项目：分别是用模拟法描绘静电场；测量地磁场；用 HFSS 观察平面电磁波；用 HFSS 仿真线天线；用 HFSS 仿真天线阵；用 HFSS 仿真宽频带天线；用HFSS仿真波导缝隙天线；用 HFSS 仿真喇叭天线。前两个项目主要对静电场和静磁场进行研究，第三个项目主要围绕电磁场进行研究，后面五个项目则针对不同形式的典型天线进行分析、设计、仿真。

本教材由张照锋老师负责总体框架的构建并执笔教材中有关理论部分的编写，由谭立容老师负责 HFSS 实例的设计，由袁迎春老师负责教材中的例题以及课后题的编写，并对教材图片文字进行了润色。

本教材在编写过程中参考了大量国内外优秀教材和资料，还得到了相关领导及教师的帮助和指导，在此一并表示感谢。

最后，本教材虽然力求满足高职高专无线电专业"电波与天线"的教学要求，但由于时间仓促，水平有限，书中难免有错漏之处，恳请广大读者批评指正。若有问题请发邮件至 zhangzf@njcit.cn 联系。

编　者

2011 年 12 月于南京

目　　录

项目一　用模拟法描绘静电场

❖ 学习目标 ❖

- 能用物理和数学语言描述静电场。
- 学习用模拟法研究静电场。
- 理解高斯定理内容并会简单应用。
- 掌握导体周围静电场的分布特点。
- 了解静电屏蔽的规律。
- 知道电场的有势性。
- 能计算静电场的能量。

❖ 工作任务 ❖

- 描绘出无限长同轴电缆中的静电场。
- 描绘出无限长平行直导线周围的电场。

　　人类对电的认识是在长期实践活动中不断发展、逐步深化的，它经历了一个漫长而曲折的过程。人们对电现象的初步认识，可追溯到公元前 6 世纪，希腊哲学家泰勒斯那时已发现并记载了摩擦过的琥珀能吸引轻小物体。我国东汉时期，王充在《论衡》一书中也提到摩擦琥珀能吸引轻小物体。

　　第一位认真研究电现象的人是英国的医生、物理学家吉尔伯特。1600 年，他发现金刚石、水晶、硫磺、火漆和玻璃等物质，用呢绒、毛皮和丝绸摩擦后，能吸引轻小物体，有"琥珀之力"，他认为这可能是蕴藏在一切物质中的一种看不见的液体在起作用，并把这种液体称之为"琥珀性物质"。后来根据希腊文"琥珀"一词的词根，拟定了一个新名词——"电"。但吉尔伯特的工作仅停留在定性阶段。

　　美国学者富兰克林把自然界的两种电叫"正电"和"负电"，他认为，电是一种流质；摩擦琥珀时，电从琥珀流出使它带负电；摩擦玻璃时，电流入玻璃，使它带正电；两者接触时，电从正流向负，直到中性平衡为止。富兰克林还揭露了雷电的秘密。他冒着生命危险，把"天电"吸引到莱顿瓶中，令人信服地证明了"天电"与"地电"完全相同。接着他发明了避雷针，这是人类用已有的电学知识征服自然界所迈出的第一步。用电的科学取代了对上帝的部分迷信，也推动了人们对电的研究和探索。

　　到了 20 世纪，物理学解开了物质分子、原子的结构之谜，人们对电现象的本质又有了更深入的了解。本章将对和静电场有关的规律进行研究。

1.1　探究静电场基本规律

1.1.1　电荷　库仑定律

大家知道，用丝绸摩擦过的玻璃棒或用毛皮摩擦过的橡胶棒等能吸引轻小物体，这表明它们在摩擦后进入一种特殊的状态，我们把处于这种状态的物体叫带电体，并说它们带有电荷。大量实验表明，自然界中的电荷只有两种，一种叫正电荷，一种叫负电荷，同种电荷间相互排斥，异种电荷间相互吸引。

真空中两个静止的点电荷之间的相互作用力，跟它们的电荷量的乘积成正比，跟它们的距离的平方成反比，作用力的方向在它们的连线上，这就是库仑定律，即：

$$F = k\frac{q_1 q_2}{r^2} \qquad\qquad (1-1)$$

其中，$k \approx 9 \times 10^9$ Nm^2/C^2，称为静电力常量。

为了研究非真空中两电荷之间的作用力，常常将上式改写成：

$$F = \frac{1}{4\pi\varepsilon_0}\frac{q_1 q_2}{r^2} \qquad\qquad (1-2)$$

其中，$\varepsilon_0 \approx 8.9 \times 10^{-12}$ C^2/m^{2}N 是真空的介电常数。如果两个点电荷处于其他介质中，只需将真空的介电常数 ε_0 改为该介质的介电常数 ε 即可。

库仑定律对两个点电荷间的静电力的大小和方向都做了明确的描述，但式(1-1)和式(1-2)只反映了静电力的大小，并未涉及静电力的方向。要想反映出方向就需要把它改写成矢量形式：

$$\boldsymbol{F}_{12} = \frac{1}{4\pi\varepsilon}\frac{q_1 q_2}{r^2}\hat{\boldsymbol{r}}_{12} \qquad\qquad (1-3)$$

其中，$\boldsymbol{F}_{12}$ 表示电荷 1 对电荷 2 的作用力，$\hat{\boldsymbol{r}}_{12}$ 表示由电荷 1 指向电荷 2 的单位矢量。这样，计算时只要把电荷量(包含正负号)带入式(1-3)，不但可以求出电荷间作用力的大小，也可以求出作用力的方向。可见，矢量表达式具有更丰富的内涵。

库仑定律讨论的是两个点电荷间的作用力，当空间有两个以上点电荷时，作用于每一个电荷上的总的静电力等于其他点电荷单独存在时作用于该电荷的静电力的矢量和。当空间出现带电体时，可利用数学的微分思想，将带电体看成是由无数个点电荷叠加而成的，再用积分的方法求出其所受的库仑力。

1.1.2　电场　电场强度

对于电荷间作用力的性质，历史上有过几种不同的观点。一种观点认为静电力是"超距作用"，它的传递不需要媒介，也不需要时间；另一观点认为静电力是物质间的相互作用，既然电荷 q_1 处在 q_2 周围任意一点都要受力，说明 q_2 周围空间存在一种特殊物质，它虽然不像实物那样由电子、质子和中子构成，但确是一种物质。这种特殊的、由电荷激发的物质叫电场。

两个电荷之间的作用力，实际上是一个电荷的电场作用在另一个电荷上的电场力。相对于观察者，静止的电荷激发的电场叫静电场，这也是本章内容研究的对象。

为了研究电场，首先要描述电场，为此引入一个描述电场的物理量——电场强度（简称场强）：

$$E = \frac{F}{q} \qquad\qquad (1-4)$$

由该式可知，场强是描述电场中某一点性质的矢量，其大小等于单位试探电荷在该点所受电场力的大小，其方向与正的检验电荷在该点所受电场力方向相同。在电场中任意指定一点，就有一个确定的场强 E，对同一电场中的不同点，E 一般可以不同，这种与电场点一一对应的物理量叫做点函数，即点的坐标的函数。点函数又可按物理量是标量还是矢量分为标量点函数和矢量点函数。场强是矢量点函数，可以记做 $E=E(x, y, z)$。"求某一区域的静电场"意思就是"求某一区域场强的矢量点函数 $E=E(x, y, z)$ 的表达式"。

[**例 1-1**]　求真空中点电荷 Q 在其周围产生的电场。

解：在 Q 周围空间某点引入检验电荷 q，由库仑定律式（1-3）可知 q 受到的电场力为

$$F = \frac{1}{4\pi\varepsilon_0}\frac{Qq}{r^2} \cdot \hat{r}$$

再由电场强度的定义式（1-4），可得点电荷 Q 在其周围产生的电场强度的大小为

$$E = \frac{F}{q} = \frac{1}{4\pi\varepsilon_0}\frac{Q}{r^2}$$

这就是点电荷的电场在空间的分布函数。这个函数是在球坐标中的表达形式，其自变量为 r。如果换在直角坐标系中（将自变量换为 x, y, z），则上式可以写成：

$$E = \frac{1}{4\pi\varepsilon_0}\frac{Q}{x^2 + y^2 + z^2}$$

以后的学习过程中，我们会根据需要选择不同的坐标系。常见的坐标系有直角坐标系、柱坐标系、球坐标系。

若要求多个点电荷在空间激发的总场强，可求出每个点电荷单独存在时所激发的电场场强在该点的矢量和，这叫做电场叠加原理。

对于电荷连续分布的带电体，我们引入电荷密度的概念。电荷体密度 ρ 是一个标量点函数，如果某个区域中各点的 ρ 相等，则电荷在该区域内是均匀分布的。为了计算场强，可把带电区域分为许多小体积元 $d\tau$，每个 $d\tau$ 可以看做电量为 $\rho d\tau$ 的点电荷，它在空间某点 P 激发的场强为

$$dE = \frac{\rho d\tau}{4\pi\varepsilon_0 r^2} \cdot \hat{r}$$

根据叠加原理，整个带电区域在 P 点激发的总场强等于所有 dE 的矢量和，即：

$$E = \iiint \frac{\rho d\tau}{4\pi\varepsilon_0 r^2} \cdot \hat{r}$$

积分区域遍及整个带电体。

当电荷分布在一薄层上时，可以用面密度 σ 来描述电荷的分布情况。我们把一个带电薄层抽象为一个"带电面"，计算带电面激发的场强时，可以把每一个面元 dS 看做电量为 σdS 的点电荷，场强的计算归结为如下的积分：

$$E = \iint \frac{\sigma dS}{4\pi\varepsilon_0 r^2} \cdot \hat{r}$$

积分区域遍及整个带电面。

当电荷分布在一条细棒上时，可以用线密度 η 来描述电荷的分布情况。我们把一个带电细棒抽象为一个"带电线"，计算带电线激发的场强时，可以把每一个线元 $\mathrm{d}l$ 看做电量为 $\eta \mathrm{d}l$ 的点电荷，场强的计算归结为如下的积分：

$$E = \int \frac{\eta \mathrm{d}l}{4\pi\varepsilon_0 r^2} \hat{r}$$

积分区域遍及整个带电线。

用函数表达式来描述电场是最精确的方法，但这种描写不够直观，有时求解函数表达式还比较困难。为了形象地描述电场，人们用曲线来大致描述电场，曲线上每点的切线方向与该点的场强方向相同，曲线的疏密程度表示场强的大小，我们把这种曲线叫做电场线。

电场线是为了直观方便而引入的一种曲线，其实并不存在。电场线从正电荷（或无穷远）出发，到负电荷（或无穷远）结束，中间不间断，也不相交。综上所述，电场线的性质，我们可以用"三不"来概括，即：不存在，不闭合，不相交。

1.1.3 电通量 高斯定理

通量的概念最初是在流体力学中引入的，在流体力学中，流体的速度 v 是一个矢量点函数，即液体每一点都有一个确定的速度，整个流体是一个速度场。在流体里取一个面元 $\mathrm{d}S$。单位时间内流过 $\mathrm{d}S$ 的流体的体积叫 $\mathrm{d}S$ 的通量 ϕ。

由于 $\mathrm{d}S$ 很小，可认为其上各点的 v 相同，v 可分解为垂直于 $\mathrm{d}S$ 的速度分量 v_n 和平行于 $\mathrm{d}S$ 的速度分量 v_t，其中 v_t 对 $\mathrm{d}S$ 的通量不做贡献。所以 $\mathrm{d}S$ 的通量为

$$\mathrm{d}\phi = v_n \mathrm{d}S = v\cos\theta \mathrm{d}S$$

其中，θ 是 v 的方向和 $\mathrm{d}S$ 法线方向的夹角。按照矢量点乘的定义，上式可以写为

$$\mathrm{d}\phi = v \cdot \mathrm{d}S \qquad (1-5)$$

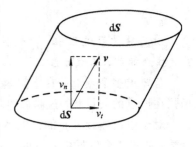

图 1-1

此积分在数值上等于以 $\mathrm{d}S$ 为底面，以 v 为母线的柱体的体积，如图 1-1 所示。

如果把前面的速度场 v 改为电场 $E(x, y, z)$，则电场中面元 $\mathrm{d}S$ 的电通量为

$$\mathrm{d}\phi_E = E \cdot \mathrm{d}S$$

电通量是标量，但有正负之分。一般情况下，一个面分为正面、反面，如果规定从正面穿过的电通量为正值，那么从反面穿过的电通量就是负值，反之亦然。计算总的电通量时，将通过该面的所有电通量的代数值相加即可。

现在讨论一个点电荷的情况。设电场由点电荷 q 激发，以 q 为圆心做半径为 r 的球，在球面上任取一面元 $\mathrm{d}S$，因 $\mathrm{d}S$ 和电场方向处处垂直，所以其电通量为

$$d\phi_E = E \cdot \mathrm{d}S = \frac{q\hat{r}}{4\pi\varepsilon_0 r^2} \cdot \mathrm{d}S = \frac{q}{4\pi\varepsilon_0 r^2} \mathrm{d}S$$

则通过整个球面的电通量为

$$\phi_E = \oiint\limits_{\text{球面}} \frac{q}{4\pi\varepsilon_0 r^2} \mathrm{d}S = \frac{q}{4\pi\varepsilon_0 r^2} \oiint\limits_{\text{球面}} \mathrm{d}S = \frac{q}{\varepsilon_0} \tag{1-6}$$

这说明通过球面的电通量与球面内电荷的电量成正比，而与球面的半径无关。

虽然这是一个特殊的例子，但很容易进一步扩展到任意闭合曲面：真空中，静电场对任意一个闭合曲面的电通量等于该曲面内电荷的代数和除以 ε_0，即：

$$\oiint \boldsymbol{E} \cdot \mathrm{d}\boldsymbol{S} = \frac{q}{\varepsilon_0} \tag{1-7}$$

这就是高斯定理。我们把这种闭合的曲面叫高斯面。

需要说明的是，根据高斯定理，闭合面外的电荷对闭合面的电通量没有贡献，但这并不意味着这些电荷对闭合面上各点的电场没有贡献。只是它们在闭合面上的电场所产生的电通量之和为零而已。

1.1.4　静电场环路定理

电荷在电场中运动时电场力会对其做功，研究电场力做功的规律，对于了解静电场的性质具有重要的意义。

我们假设电荷 q 在电荷 Q 的电场中从 P_1 点沿某一路径运动到 P_2 点（如图 1-2 所示），任取一元位移 $\mathrm{d}l$，设 q 在运动 $\mathrm{d}l$ 前后与电荷 Q 的距离分别为 r 及 $r'(r'-r=\mathrm{d}r)$，则电场力在这一元位移上所做的微功为

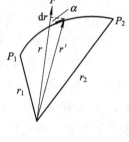

图 1-2

$$\mathrm{d}w = \boldsymbol{F} \cdot \mathrm{d}\boldsymbol{l} = F\mathrm{d}l\cos\alpha$$

其中，α 是 $\mathrm{d}l$ 与 $\boldsymbol{F}$ 的夹角，由图可知，$\mathrm{d}l\cos\alpha = \mathrm{d}r$。又有：

$$\boldsymbol{F} = q\boldsymbol{E} = \frac{qQ}{4\pi\varepsilon_0 r^2}$$

所以

$$\mathrm{d}w = \frac{qQ}{4\pi\varepsilon_0} \frac{\mathrm{d}r}{r^2}$$

q 从 P_1 到 P_2 的过程中，电场力所做的总功为

$$\mathrm{d}w = \int_{r_1}^{r_2} \frac{qQ}{4\pi\varepsilon_0} \frac{\mathrm{d}r}{r^2} = \frac{qQ}{4\pi\varepsilon_0}\left(\frac{1}{r_1} - \frac{1}{r_2}\right)$$

此式说明，当电荷 q 在点电荷 Q 的场中运动时，电场力所做的功只取决于运动电荷的始末位置而与路径无关。下面证明，这个结论适合于任何静电场。设点电荷 q 从静电场中的一点沿某一曲线 L 运动至另一点，则电场力所做的功为

$$W = \int_L \boldsymbol{F} \cdot \mathrm{d}\boldsymbol{l} = \int_L q\boldsymbol{E} \cdot \mathrm{d}\boldsymbol{l}$$

把激发电场的电荷分为许多个点电荷，根据电场叠加原理可知：

$$\boldsymbol{E} = \boldsymbol{E}_1 + \boldsymbol{E}_2 + \cdots + \boldsymbol{E}_n$$

则

$$W = \int_L q\boldsymbol{E}_1 \cdot \mathrm{d}\boldsymbol{l} + \int_L q\boldsymbol{E}_2 \cdot \mathrm{d}\boldsymbol{l} + \cdots + \int_L q\boldsymbol{E}_n \cdot \mathrm{d}\boldsymbol{l}$$

因为 $\boldsymbol{E}_1$，$\boldsymbol{E}_2$，$\cdots$，$\boldsymbol{E}_n$ 都是点电荷的电场，前面已证明点电荷电场中电场力的功与路径无关，可见，当点电荷 q 在任意静电场中运动时，电场力所做的功只取决于运动的始末位

置而与路径无关。这是静电场的一个重要性质，称为有位性（或称有势性）。

静电场的有位性还可以用另一种形式来描述。如果点电荷 q 在静电场中沿某一闭合曲线 L 移动一周，则根据上面的讨论，电场力所做的功应为

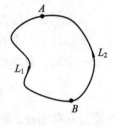

图 1-3

$$W = \int_L \boldsymbol{F} \cdot \mathrm{d}\boldsymbol{l} = \int_L q\boldsymbol{E} \cdot \mathrm{d}\boldsymbol{l}$$

因积分路径是闭合的，所以上式常写成：

$$W = \oint_L \boldsymbol{F} \cdot \mathrm{d}\boldsymbol{l} = \oint_L q\boldsymbol{E} \cdot \mathrm{d}\boldsymbol{l}$$

现在 L 上任取两点 A 和 B 把 L 分成两部分 L_1 和 L_2（如图 1-3 所示），则

$$W = \oint_L q\boldsymbol{E} \cdot \mathrm{d}\boldsymbol{l} = \int_A^B q\boldsymbol{E} \cdot \mathrm{d}\boldsymbol{l} + \int_B^A q\boldsymbol{E} \cdot \mathrm{d}\boldsymbol{l} = \int_A^B q\boldsymbol{E} \cdot \mathrm{d}\boldsymbol{l} - \int_A^B q\boldsymbol{E} \cdot \mathrm{d}\boldsymbol{l} = 0$$

若取点电荷 q 为单位电荷（即令 $q=1$），则上式可写成：

$$\oint_L \boldsymbol{E} \cdot \mathrm{d}\boldsymbol{l} = 0 \quad （L \text{ 为闭合曲线}） \tag{1-8}$$

可见，静电场沿任一闭合曲线的环路积分为零，这是静电场中与高斯定理并列的一个重要定理，没有通用的名称，我们可称之为静电场环路定理。

利用环路定理，不难证明静电场的电场线不能闭合这一性质。

利用环路定理，可以引入电势（电位）的概念。在电场中任取一点 P_0（叫做参考点），设单位正电荷从场中一点 P 移到 P_0，无论路径如何，场力所做的功都是同一个值，它只与 P 及 P_0 两点有关，所以这个功自然可以反映 P 点的性质。于是规定：单位正电荷从 P 点移动到参考点 P_0 时电场力所做的功，叫做 P 点的电势（电位），记作 U。设点电荷 q 从 P 点到 P_0 点时电场力所做的功为 W，则 P 点的电势为

$$U = \frac{W}{q} = \frac{1}{q} \int_P^{P_0} \boldsymbol{F} \cdot \mathrm{d}\boldsymbol{l} = \int_P^{P_0} \frac{\boldsymbol{F}}{q} \cdot \mathrm{d}\boldsymbol{l} = \int_P^{P_0} \boldsymbol{E} \cdot \mathrm{d}\boldsymbol{l} \tag{1-9}$$

上式也说明了电势与场强之间的关系。

由场强的叠加原理，不难理解电势的叠加原理。n 个点电荷在某点产生的电势等于每个点电荷单独存在时在该点产生电势的代数和。

电场中电势相等的点组成的曲面叫做等势面，等势面处处与电场线垂直。一般说来，过电场中任一点都可以做等势面，为了使等势面更直接地反映电场的性质，现对等势面的画法作一附加的规定：场中任两相邻的等势面的电势差为常数。容易证明，按照这个附加规定画等势面，场强较大处等势面较密，反之较疏，因此，等势面的疏密程度也可以反映场强的大小。

1.2 用模拟法描绘静电场的分布

1.2.1 模拟法描绘电场

真正的静电场不能直接用电表测量，因为静电场中没有运动的电荷，不能使电表的指

针偏转。如果将带电体放在导电的介质里，维持带电体间的电势差不变，介质里便会有恒定不变的电流，这样就可以用电压表测量介质中各点的电势值，找到等势面，再根据等势面和电场的关系求出电场强度。导电介质里由恒定电流建立的场称为恒定电流场。

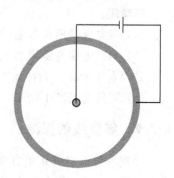

静电场和稳恒电流场虽是两个截然不同的电场，但可以用稳恒电流场中的电位分布来模拟静电场的电位分布。对于均匀带电的长直同轴柱面的静电场可以用圆片形金属电极 A 和圆环形金属电极 B 所形成的电流场来描绘。如图 1-4 所示，同轴形电容器中，由于轴对称性，场强和电位都与轴向坐标 z 无关，所以我们只研究与轴垂直的平面内的电场（即二维场）的规律。

根据上面的实验装置和欧姆定律可知，从中心极板经过导电纸流到圆环上的电流强度为

$$I = U/R \qquad (1-10)$$

图 1-4

式中，U 是电源电压，R 是导电纸的电阻，它取决于导电纸的厚度、大小和电导率。鉴于导电纸的均匀性和电容器的对称性，总电流可以写成：

$$I = \oiint_S \boldsymbol{j} \cdot \mathrm{d}\boldsymbol{S} = j2\pi rh \qquad (1-11)$$

式中 h 为导电纸的厚度，r 为离开中心轴的距离，j 为 r 处的电流强度，它与该处的电场强度成正比，即：

$$\boldsymbol{j} = \sigma \boldsymbol{E} \qquad (1-12)$$

将 $\boldsymbol{j} = \sigma \boldsymbol{E}$ 代入 $I = \oiint_S \boldsymbol{j} \cdot \mathrm{d}\boldsymbol{S} = j2\pi rh$，再代入 $I = U/R$ 可以得到：

$$E = \frac{U}{2\pi h\sigma R} \cdot \frac{1}{r} = c\frac{1}{r} \qquad (1-13)$$

式中，c 是一个常量，所以上式是恒定电流场的场强分布表示式，与圆柱形电容器中静电场分布的关系式完全相同，所以用电流场模拟静电场是完全可行的。

项目 1-1　同轴圆柱形电容器中静电场的模拟。

任务要求：描绘同轴圆柱形电容器中的电场分布。

所需设备：直流稳压电源、电压表、微安计、滑线变阻器、导电纸、静电描绘仪等。

测量过程：

（1）按图 1-5 所示装置连接好测量系统。将导电纸上内外两电极分别与直流稳压电源的正负极相连接，电压表正负极分别与同步探针及电源负极相连接。调节电源电压到 10.0 V。

（2）移动同步探针测绘同轴电缆的等位线簇。相邻两个等位线间的电位差为 1 V，共测 8 条等位线，每条等位线测定出 8 个均匀分布的点。

（3）以每条等位线上各点到原点的平均距离为半径画出等位线的同心圆簇。然后根据电力线与等位线正交原理，再画出电力线，标明等位线的电压大小，并指出电场强度方向，从而得到一张完整的电场分布图。

图 1-5

（4）在坐标纸上做出相对电位 U_r/U_0 和 $\ln r$ 的关系曲线，并与理论结果比较。

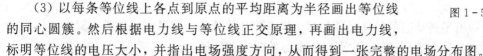

注意事项：

测量时，探针每次应该从外向里或者从里向外沿一个方向移动，测量一个点时不要来回移动测量，因为探针会小幅转动，向前或向后测量同一点会导致打孔出现偏差。

思考题：

(1) 用电流场模拟静电场的条件是什么？

(2) 如果电源电压增加一倍，等位线和电力线的形状是否发生变化？电场强度和电位分布是否发生变化？为什么？

(3) 测量电场产生畸变，试分析原因。

1.2.2 等势线的探测

寻找等势线最简单的办法是用电压计测量，即测出对同一电极电压相等的点。但在测量过程中电压计还要流过微小电流，这给探测引入误差，使用如图 1-6 所示的补偿电路，可以排除这种误差。

图 1-6 中 G 为检流计，V 为电压计，C 为探针，A 为接收电极，E 为补偿电源，R 为分压器。当寻找电势为 V 的等势线时，悬空 C 端，调分压器 R 使电压计示值为 V，先用万用表找到 V 电势的大概位置，再用探针 C 去该位置附近找，当 G 的指针不动时，该点电势为 V。

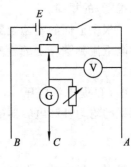

图 1-6

这种补偿电路使用电压计显示被测点的电压，而电压计中的电流又不需要导电纸供给，因而减少了误差。

项目 1-2 两根无限长平直导线间静电场的模拟。

任务要求： 描绘两根无线长平直导线间的电场分布。

所需设备： 直流稳压电源、电压表、微安计、滑线变阻器、导电纸、电极等。

测量过程：

测量过程类似于项目 1-1。

1.3 导体和介质对电场分布的影响

1.3.1 静电平衡

金属导体中有大量的自由电子，它们时刻做无规则的运动，当自由电子受到电场力（或其他力）时，还要在热运动的基础上附加一种有规则的宏观运动，形成电流。当电子不做宏观有规则的运动时，我们说导体处于静电平衡状态。

导体处于静电平衡状态时，其内部各点的场强为零。这可以很容易地用反证法得到证明。

处于静电平衡状态的导体是等势体，其表面是等势面，所以在导体外，紧靠导体表面的场强方向与导体表面垂直。这可以用电势的定义和性质得证。

处于静电平衡状态的导体内部没有电荷，电荷只能分布在导体表面。这可以用高斯定理得证，并可由高斯定理得出，导体表面的场强大小与导体表面的电荷面密度成正比。

1.3.2 孤立带电导体表面的电场分布

对于孤立的带电导体来说，一般情况下，导体向外突出的地方(曲率为正且较大)电荷较密，比较平坦的地方(曲率为正且较小)电荷较疏，向里凹进的地方(曲率为负)电荷最疏。

如图1-7是验证尖端电荷密度大的一个演示实验。令悬在丝线下的通草球和带电导体 A 带有同种电荷，将通草球靠近导体尖端 a 处，通草球因受到斥力而张开某一角度，再将通草球靠近曲率较小的 b 处，张开的角度会小些。可见尖端附近的场强较大，因而电荷密度较大。

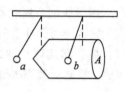

图1-7

由于尖端附近场强较大，该处的空气可能被电离成导体而出现尖端放电现象，夜间看到的高压电线周围笼罩着的一层绿色光晕(电晕)，就是一种微弱的尖端放电形式。尖端放电会导致高压线及高压电极上电荷的丢失，因此凡是对地有高压的导体(或两个相互间有高压的导体)，其表面都尽可能光滑。另一方面，在很多情况下尖端放电也可以利用，例如避雷针、静电加速器、感应起电机的喷电针尖和集电针尖，都是尖端放电的应用。

1.3.3 封闭导体壳内外的电场分布

把导体引入静电场中，就会因为电荷的重新分布而使电场发生变化，利用这个规律，可以根据需要，人为地选择导体的形状来改变电场。例如，用封闭的金属壳把电学仪器罩住，就可以避免壳外电场对仪器的影响，下面我们对这一现象进行讨论。

1. 壳内空间的电场

(1)讨论壳内空间没有电荷的情况。用反证法可以证明，如图1-8所示，不论壳外带电体情况如何，壳内空间各点的电场必然为零。设壳内有一点 P 的场强不为零，就可以过它作一条电场线，这条电场线既不能在无电荷处中断，又不能穿过导体，就只能起于壳内壁的某一点 A 而止于另一点 B，而 A、B 两点既然在同一条电场线上，电势就不能相等，而这与导体是等势体相矛盾，可见壳内空间各点场强为零。同时不难证明，空壳内壁各点的电荷密度为零。

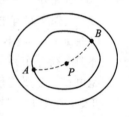

图1-8

想一想，若壳外有一电荷 q，是否由于壳的存在，q 就不在壳内空间激发电场了呢？

当然不是，任何点电荷都要按照点电荷场强公式在空间任何点激发电场，而不论周围空间存在的物质是什么。壳内空间场强之所以是零，只是因为由于 q 的作用，使壳的外壁感应出了电荷，它们与 q 在壳内空间任一点激发的合场强为零。

(2)讨论壳内空间有电荷的情况。这时，壳内空间将因壳内带电体的存在而出现电场，壳的内壁也会出现电荷分布。但可以证明，这一电场只由壳内带电体及壳的内壁的形状决定，而与壳外情况无关，也就是说，壳外电荷对壳内电场无影响。这一证明比较复杂，可以参考电动力学的相关书籍。

总之，金属壳内的电场由壳内的电荷和金属壳内壁的形状决定，与外界电荷无关。

2. 壳外空间的电场

（1）壳外空间无电荷。

以图1-9为例，设壳不带电，壳内有一正电荷 q，可以用高斯定理证明，壳内、外壁感应电荷分别为 $-q$ 和 $+q$，显然，壳外的空间存在着电场，我们可以认为它是壳外壁电荷激发的。

壳内带电体 q 当然在壳外激发电场，但同时壳内壁的电荷也在壳外激发电场，它们的合电场为零，这一点通过金属外壳接地的现象便可看得更为清楚。

用导线把金属壳和大地相连，就可以消除壳外电场，以图1-10为例，为了证明这一点，只需证明壳外空间不存在电场线。由于导体本身是等势体，而地球也是个大导体，所以金属壳和地球共同组成为一个等势体，同一条电场线不可能起于等势面而止于等势面。可见，接地金属壳外部不可能存在电场线，因此场强处处为零。

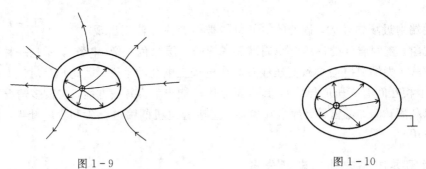

图1-9   图1-10

对上述结论可以作一个直观的解释：壳外的感应电荷全部沿接地线流入大地，因此它们在壳外激发的电场不复存在。但应注意，接地线的存在只是提供了金属壳与地交换电荷的可能性，并不保证壳外壁电荷密度在任何情况下都为零。下面就要看到，当壳外有带电体时，接地壳外壁是可以有电荷分布的。

（2）壳外空间有电荷。

以图1-11为例，该图所示为壳内有电荷时的电场分布。用反证法就可以证明接地金属壳外壁电荷分布并不处处为零。因为假定外壁各点电荷面密度为零，则空间除点电荷 q 外别无电荷，金属壳层内（直到金属内部）场强就不会为零，而这就与静电平衡的条件矛盾。可见，接地并不导致金属壳外壁电荷密度为零。但理论和实验均证明，接地的金属壳可使壳外电场分布情况不受壳内电荷的影响，图1-12所示为壳内无电荷时壳外的电场分布情况，即不管壳内带电情况如何，壳外电场只由壳外电荷决定。应当注意，如果壳不接地，这个规律是不成立的。

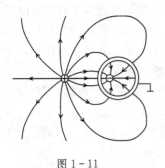
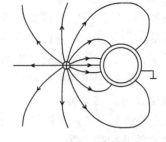

图1-11   图1-12

综上可知，封闭导体壳(不论接地与否)内部电场不受壳外电荷的影响；接地封闭金属壳外部电场不受壳内电荷的影响，这种现象叫做静电屏蔽。静电屏蔽在电工和电子技术中有广泛的应用，比如高压电力设备安装接发金属栅网，电子仪器的整体或部分用接电金属外壳等都是静电屏蔽应用的例子。

1.3.4　电偶极子

两个相距很近且等值异号的点电荷的整体叫做偶极子。所谓很近，是指我们关心的场点与这两个点电荷的距离比两个点电荷之间的距离大得多。现在讨论偶极子激发的电场。

为了使问题简化，我们只研究偶极子在 l 的延长线及中垂线上的场强的表达式。

(1) 偶极子在 l 延长线上的场强。

$$E \approx \frac{2ql}{4\pi\varepsilon_0 r^3}$$

(2) 偶极子在 l 中垂线上的场强。

$$E \approx \frac{ql}{4\pi\varepsilon_0 r^3}$$

进一步研究说明，偶极子在空间激发的电场，其大小取决于两个因素：一是偶极子本身的参数，即和 q 和 l 的乘积成正比；二是和场点与偶极子的距离 r 的立方成反比。

1.3.5　电介质的极化

电介质是电的绝缘体，带电量为零的电介质，实际上是体内正电荷和负电荷代数和为零。按照正负电荷的分布特点，电介质可以分为两类。

一类电介质中每个分子的正负电荷"中心"彼此重合，所以它们对外不显电性，这样的分子叫做无极性分子，如氢气、氧气等。

另一类电介质中每个分子的正负电荷"中心"不重合，每一个分子就是一个偶极子，但由于分子不断做无规则的热运动，它们对外也不显电性，这样的分子叫做有极分子，如水、二氧化硫等。

在外加电场的情况下，无论是无极分子还是有极分子都要发生变化，这种变化叫做电介质的极化。极化分为位移极化和取向极化两种。

(1) 无极分子的位移极化

在外加电场 E 的作用下，无极分子中正、负电荷的"中心"向相反的方向做一个微小的位移，两个"中心"不再重合，原来中性的分子变成偶极子。分子在外电场的作用下的这种变化叫位移极化。极化产生的偶极子将产生电场。

(2) 有极分子的取向极化

没有外加电场时，有极分子内部的偶极子的取向是杂乱无章的，当外界电场 E 存在时，偶极子由于受到力矩的作用，其取向变得趋于一致，这种极化叫做取向极化。这些取向趋于一致的偶极子将产生电场。

以无极性分子为例，在没有外加电场的情况下，其分子分布情况如图 1-13(a)所示，加了外加电场以后，每个分子变成偶极子，如图 1-13(b)所示。此时相当于在介质的两个表面，有电荷感觉出来了，这种在外加电场的作用下，在介质表面感觉出来的电荷叫极化电荷。为了区别起见，把不是由极化引起的电荷叫做自由电荷。从图中可以看出，在介质内部正负电荷仍然等量，因此内部是没有极化电荷的。

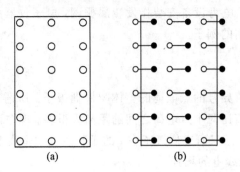

图 1-13

可见，极化程度越高，介质表面感应出的极化电荷越多。为了描述方便，我们用介质表面极化电荷的面密度 σ 表征介质在外加电场情况下的极化强度。显然，外加的电场越大，介质的极化强度越大；在外加电场相同的情况下，不同介质的极化强度不一样。

由于极化电荷也要激发电场，这就改变了原来的电场，反过来又使极化情况发生变化，如此互相影响，最后达到平衡。平衡时，空间每点的场强都由两部分叠加而成：

$$E = E_0 + E'$$

其中，E_0 是空间自由电荷激发的电场，E' 是极化电荷激发的电场。但是极化电荷毕竟是由自由电荷激发的电场引起的，如果空间没有自由电荷。也就不可能有极化电荷。因此，可以确定，根据空间自由电荷的分布及电介质的极化率，就能得到空间的场强，只不过直接计算比较困难。因为要想求出 E，必须知道 q 和 q'，而 q' 又取决于 E，这似乎形成了计算上的循环。为解决这个问题，我们引入一个新的矢量 D，得到一个便于求解的方程，下面介绍这个过程。

当空间有电介质时，只要把自由电荷和极化电荷同时考虑在内，高斯定理仍然成立：

$$\oiint_S E \cdot \mathrm{d}S = \frac{1}{\varepsilon_0}(q_0 + q') \tag{1-14}$$

其中，q_0 和 q' 分别为闭合高斯面 S 所围区域内的自由电荷和极化电荷。若电介质在外加电场作用下的极化电荷的面密度为 σ，于是有 $q' = \oint_S \sigma \mathrm{d}S$，则上式可变为

$$\oiint_S (\varepsilon_0 E - \sigma) \cdot \mathrm{d}S = q_0 \tag{1-15}$$

令 $D = \varepsilon_0 E - \sigma$，我们把 D 称为电位移矢量，则上式变为

$$\oiint_S D \cdot \mathrm{d}S = q_0 \tag{1-16}$$

这就是有介质存在时的高斯定理。

如果把真空看做电介质的特例，因其极化电荷的面密度 $\sigma = 0$，$D = \varepsilon_0 E$，则上式变为

$$\oiint_S E \cdot \mathrm{d}S = \frac{q_0}{\varepsilon_0} \tag{1-17}$$

这也是真空中的高斯定理，可见，有介质时的高斯定理可以看做真空的高斯定理的推广。虽然上式不包含极化电荷，但出现了与极化电荷密度 σ 有关的物理量 D，而我们知道，

极化电荷密度 σ 是和外加电场成正比关系的，即：$\sigma = kE$。所以 $D = \varepsilon_0 E - \sigma = \varepsilon_0(1-k)E$，再令 $\varepsilon = \varepsilon_0(1-k)$，则 $D = \varepsilon E$，式中 ε 叫电介质的介电常数。

不同的介质，有不同的介电常数，可以事先测得，这样我们可通过介质中的高斯定理求出 D，然后再根据 $D = \varepsilon E$ 求出电场。实际上，D 和 E 的关系取决于物质的结构，所以称 $D = \varepsilon E$ 为电介质的结构关系式。

1.3.6　有介质时的静电场方程

由前面的讨论可知，下面两式为有介质时的静电场方程。

$$\oiint_S \boldsymbol{D} \cdot \mathrm{d}\boldsymbol{S} = q_0 \tag{1-18}$$

$$\oint_L \boldsymbol{E} \cdot \mathrm{d}\boldsymbol{l} = 0 \tag{1-19}$$

但上面两式涉及两个量 D 和 E，因此还需附加下面的关系式

$$D = \varepsilon E \tag{1-20}$$

如果已知自由电荷在空间的分布、电介质在空间的分布以及每种电介质的介电常数 ε，原则上可由上式求出空间的场分布。

1.3.7　两介质边界处的电场分布

由静电场方程及电介质的性能方程可以推出在两种不同介质交界面上的 E 和 D 的分布规律。

在介质 1、2 的界面附近作一个极扁的柱体，其上下底边分别位于两种介质中，柱的两底和侧面组成一个高斯面，因柱高极小，高斯面的电通量近似等于两底的通量的代数和。设两底面积为 ΔS，则高斯面的通量为

$$\oiint \boldsymbol{D} \cdot \mathrm{d}\boldsymbol{S} = D_1 \cdot \Delta S + D_2 \cdot \Delta S \tag{1-21}$$

若只考虑 D 的垂直于 ΔS 方向的分量，上式可以表示为

$$\oiint \boldsymbol{D} \cdot \mathrm{d}\boldsymbol{S} = (D_1 - D_2)\Delta S \tag{1-22}$$

由于界面上没有自由电荷，则由高斯定理可知：

$$\oiint \boldsymbol{D} \cdot \mathrm{d}\boldsymbol{S} = (D_1 - D_2)\Delta S = 0 \tag{1-23}$$

所以，$D_1 = D_2$。

上式说明 D 的法线分量在界面上是连续的，然而由于两种介质的介电常数 ε 不同，由此立即得到 E 在两介质交界面上将发生突变。在界面两侧的性能方程为

$$D_1 = \varepsilon_1 E_1$$
$$D_2 = \varepsilon_2 E_2$$

所以有

$$\frac{E_1}{E_2} = \frac{\varepsilon_2}{\varepsilon_1} \tag{1-24}$$

另一方面，在界面上做一个极窄的矩形闭合曲线，把静电场环路定理用于这一闭合曲线，略去在矩形两短边上的积分，只考虑平行于界面的电场分量，则

$$\oint \boldsymbol{E} \cdot \mathrm{d}\boldsymbol{l} = E_1 \Delta l - E_2 \Delta l = (E_1 - E_2)\Delta l = 0$$

其中，Δl 是矩形长边的长度。由上式可得

$$E_1 = E_2$$

即场强的切线分量在界面上连续，于是可得电位移矢量的切线分量为

$$D_1 = \varepsilon_1 E_1$$
$$D_2 = \varepsilon_2 E_2$$

从而得
$$\frac{D_1}{D_2} = \frac{\varepsilon_1}{\varepsilon_2} \tag{1-25}$$

可见，电位移矢量的切线分量在界面上发生突变。

应该说明，垂直于界面的方向只有一个，而平行于界面的方向却有无限多个，以上推导对于切线方向并无限制，故结论对于任何一个切向分量都成立。

1.3.8　电场的能量

首先讨论平行板电容器内电场的能量。

由于电容器两板电量等值异号，可以想象充电过程是把元电荷 $\mathrm{d}q$ 从一个极板逐份搬到另一个极板的过程。搬移第一份 $\mathrm{d}q$ 时，两板还不带电，板间电场为零，没有电场力对 $\mathrm{d}q$ 做功。但当电容器已有了某一电量 q 时，再搬移 $\mathrm{d}q$ 的过程中电场力便做负功，其绝对值等于两板间电势差 u 和 $\mathrm{d}q$ 之积，即：

$$\mathrm{d}w = u\ \mathrm{d}q = \frac{q}{C}\mathrm{d}q \tag{1-26}$$

在搬移电量 Q 的整个过程中电场力所做的负功的绝对值为

$$W = \int u\ \mathrm{d}q = \frac{1}{C}\int_0^Q q\ \mathrm{d}q = \frac{Q^2}{2C} \tag{1-27}$$

这个功的数值等于体系静电能的增加量，设未充电时能量为零，则上式就表示电容器充电至 Q 时的能量 W，又因为

$$Q = CU \tag{1-28}$$

所以上式可变为

$$W = \frac{1}{2}CU^2 \tag{1-29}$$

再假设电容器极板正对面积为 S，板间距离为 d，则电容器内的体积为

$$V = Sd$$

若电容器内为均匀电介质，则板间 E 和 D 为常量，电能在电容器内应均匀分布，所以电能的密度为

$$w = \frac{W}{V} = \frac{CU^2}{2Sd} \tag{1-30}$$

又由 $C = \dfrac{\varepsilon S}{d}$ 和 $U = Ed$ 得

$$w = \frac{\varepsilon E^2}{2} = \frac{DE}{2} \tag{1-31}$$

上式虽然是从电容器这一特例推出，但理论研究表明，它对一般情况也成立，如果求

不均匀电场的能量，则可对上式进行积分。

～～～～～～～ 课后练习题 ～～～～～～～

1. 有两个电量为 q 的正点电荷，分别放置在边长为 r_a 的等边三角形的任二顶点上。试求未置电荷顶点处的电场强度。

2. 位于坐标原点的点电荷 $Q_A = 10^{-2}$ C，另一个点电荷 $Q_B = -10^{-2}$ C，位于直角坐标系的 $(0，1，0)$ 处，试计算位于 P 点 $(0，1，0)$ 的点电荷 Q_B 所受到的库仑力。

3. 两点电荷 $q_1 = 8$C，位于 z 轴 $z = 4$ 点上，$q_2 = -4$C，位于 y 轴 $y = 4$ 点上，求 $x = 4$，$y = z = 0$ 点的电场强度。

4. 为什么要用电场线表征电场强度？两者之间有什么关系？

5. 何为匀强电场？匀强电场的电场线有何特点？

6. 静电场中的电力线有什么基本性质？如果将一个正点电荷 q 置于壁厚为 t 的空心金属球心处，试绘出该电场的电力线示意图。

7. 通过资料查找关于静电加速器的相关知识，并画其工作原理图。

8. 为什么用电位移矢量 D 表征电场性质？它与电场强度 E 有何区别和联系？

9. 推导静电场能量公式。

项目二　测量地磁场

❖ 学习目标 ❖

- 理解毕奥-萨伐尔定律。
- 能用物理和数学语言描述静磁场。
- 理解电流密度的概念。
- 掌握安培环路定理，并能解决简单问题。
- 了解磁介质的特点。
- 掌握导体周围磁场的分布特点。
- 理解磁场能的概念，并会简单计算。
- 知道地磁场的分布特点。
- 理解亥姆霍兹线圈的工作原理。

❖ 工作任务 ❖

- 测量地磁场的水平分量。

人类对磁现象的认识和研究始于永磁体之间的相互作用。很早以前，人们发现一种含有四氧化三铁的矿石能吸引铁片，就将这种能够吸引铁、钴、镍等物质的性质称为磁性，称具有磁性的矿石为磁石。我们将这种直接从自然界得到的矿石称为天然磁铁，以区别于用人工方法获得的具有更强磁性的人造磁铁。

在历史上很长一段时间里，电与磁被认为是互不联系的，因而彼此独立地发展着。特别是 1780 年库仑断言电和磁是完全不同的实体后，人们就不再试图能在电和磁之间找到什么联系了。就连安培在 1802 年也说过：我愿意去证明电和磁是相互独立的两种不同的流体。直到 1820 年，丹麦物理学家奥斯特发现了电流的磁效应，从而把电和磁联系在一起。

我们知道，电荷在其周围激发电场，电场给其中的电荷以力的作用，而运动电荷在其周围激发磁场，磁场给场中的运动电荷（运动方向和磁场方向不平行）以力的作用，这是磁现象的本质。载流导体之间、永磁体之间以及电流与永磁体之间的相互作用，都起源于运动电荷之间通过磁场的相互作用。

因此，对磁场的研究是研究磁现象的基础。

2.1　静磁场的基本规律

项目 2 - 1　奥斯特实验
任务要求：观察电流周围磁场的分布规律。
所需设备：导线、螺线管、小磁针、直流电源、滑线变阻器。
演示程序：
① 连接电路。
② 观察通电前后小磁针指向的变化。

2.1.1　电流　电流密度

电荷做定向运动形成电流，规定正电荷运动的方向为电流的方向。电流可分为传导电流和运流电流两类，在金属导体中和电解液中的电流是传导电流，在电真空器件中的电子流（或其他带电粒子流）是运流电流。若在 Δt 时间内穿过截面 S 的电量为 Δq，如图 2 - 1（线电流示意图）所示，则电流强度的定义为

$$I = \lim_{\Delta t \to 0} \frac{\Delta q}{\Delta t} = \frac{dq}{dt} \qquad (2-1)$$

其单位为安培(A)。为了表示电流的分布情况，需要引入电流密度的概念

$$J(r) = \lim_{\Delta S \to 0} \frac{\Delta I}{\Delta S} = \frac{dI}{dS} \qquad (2-2)$$

其单位是安/米²。式中 ΔS 是 r 点处垂直于正电荷运动方向的面积元，ΔI 是通过这个面积元的电流元。显然，r 处的电流密度等于垂直于该点处正电荷运动方向上的一个单位面积上流过的电流。

在实际问题中，有时会碰到电流只集中在导体表面一薄层内的情况，如图 2 - 2（面电流示意图）所示，如果该薄层的厚度小到可以忽略的程度，则可认为在其中流动的电流为面电流。这时可以定义面电流密度

$$J_S(r) = \lim_{\Delta l \to 0} \frac{\Delta I}{\Delta l} = \frac{dI}{dl} \qquad (2-3)$$

其单位是安/米。

图 2 - 1　　　　　　　　　　　　　　　　图 2 - 2

对于运流电流，在电荷运动的空间一点 r 处取如图 2 - 3（运流电流示意图）所示的小柱体，其体积元 $dV = dSdl$，使小柱体轴线与该点处电荷运动的速度方向平行，若该点处电荷密度为 ρ，则该体积元内总电量为 $dq = \rho dSdl$。若总电量 dq 在 dt 时间内全部通过小柱体左端面 dS，则点 r 处的运流电流密度为

$$J(\boldsymbol{r}) = \frac{\mathrm{d}q}{\mathrm{d}t\mathrm{d}S} = \frac{\mathrm{d}q\mathrm{d}l}{\mathrm{d}t\mathrm{d}V} = \rho\frac{\mathrm{d}l}{\mathrm{d}t} = \rho v \qquad (2-4)$$

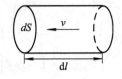

由于电荷是守恒的。电荷守恒定律可以描述为：单位时间内从封闭曲面 S 内流出的电量等于封闭曲面 S 内电量的减少量。根据电流密度 J 的物理意义，电荷守恒定律的数学表达式为

图 2-3

$$\oint_S J(\boldsymbol{r}) \cdot \mathrm{d}\boldsymbol{S} = -\frac{\partial}{\partial t}\int_V \rho(\boldsymbol{r}) \cdot \mathrm{d}\boldsymbol{V} = -\int_V \frac{\partial\rho(\boldsymbol{r})}{\partial t} \cdot \mathrm{d}\boldsymbol{V}$$

对于恒定电流，J 和 ρ 都不随时间变化，则上式可简化为

$$\oint_S J(\boldsymbol{r}) \cdot \mathrm{d}\boldsymbol{S} = 0 \qquad (2-5)$$

此式的另一个物理意义可以解释为：恒定电流的电流线必定是闭合的。

2.1.2 安培定律 磁场 磁感应强度

安培定律是一个实验定律，是研究恒定电流磁场的基础。我们考虑最简单的情况，其内容可描述为：若真空中有两个静止的、相互平行且垂直间距为 r 的、极细极短的、通有电流的导线 $I_1\mathrm{d}\boldsymbol{l}_1$ 和 $I_2\mathrm{d}\boldsymbol{l}_2$，它们之间的作用力 $\mathrm{d}\boldsymbol{F}$ 为

$$\mathrm{d}\boldsymbol{F} = \frac{\mu_0}{4\pi}\frac{I_1\mathrm{d}\boldsymbol{l}_1 \times I_2\mathrm{d}\boldsymbol{l}_2}{r^2} \qquad (2-6)$$

安培定律雷同于静电场的库仑定律。因此，类比于电场的引入，我们引入磁场，即认为 $I_2\mathrm{d}\boldsymbol{l}_2$ 受到的力是由 $I_1\mathrm{d}\boldsymbol{l}_1$ 激发的磁场引起的。同时引入描述磁场的物理量——磁感应强度，类比点电荷产生的电场，可得到电流元产生的磁场大小为

$$\mathrm{d}B(r) = \frac{\mu_0}{4\pi}\frac{I\mathrm{d}l}{r^2} \qquad (2-7)$$

其中，r 为点 r 到 $I\mathrm{d}l$ 的垂直距离，$\mathrm{d}B(r)$ 的方向满足右手螺旋定则。这也是比奥—萨伐尔定律的表达式。

上面讨论的是线电流分布产生的磁场。下面研究体电流分布和面电流分布产生的磁场。若电流以电流密度 $J(x)$ 分布在体积 V 中，在体积 V 中 x 点处，沿电流方向取长度为 $\mathrm{d}l$ 横截面积为 $\mathrm{d}S$ 的小电流管，小电流管中的电流元为

$$\mathrm{d}I = J(x)\mathrm{d}S$$

所以

$$\mathrm{d}I\mathrm{d}l = J(x)\mathrm{d}S\mathrm{d}l = J(x)\mathrm{d}V$$

其中，$\mathrm{d}V$ 是该电流元的体积，所以该电流元在距其垂直距离为 r 的位置产生的磁场大小为

$$\mathrm{d}B(r) = \frac{\mu_0}{4\pi}\frac{J(x)\mathrm{d}V}{r^2} \qquad (2-8)$$

整个体电流产生的磁场就是在整个体积上对上式的积分。

同理，如果电流以面密度 $J_S(x)$ 分布在面积 S 中，在 S 上 x 点，沿电流方向取长度为 $\mathrm{d}l$，宽度为 $\mathrm{d}x$ 的小电流面，小电流面中的电流元为

$$\mathrm{d}I = J_S(x)\mathrm{d}x$$

即

$$\mathrm{d}I\mathrm{d}l = J_S(x)\mathrm{d}x\mathrm{d}l = J_S(x)\mathrm{d}S$$

其中 dS 是该电流元的面积，所以该电流元在距其垂直距离为 r 的位置产生的磁场大小为

$$dB(r) = \frac{\mu_0}{4\pi} \frac{J_s(x)dS}{r^2} \qquad (2-9)$$

整个面电流产生的磁场就是在整个面积上对上式积分。

根据比奥—萨伐尔定律可知，在导体表面处，磁场的方向和导体表面平行。

[例 2-1]　如图 2-4，求电流为 I 的无限长直导线激发的磁场大小。

$$
\begin{aligned}
B(r) &= \int_{-\infty}^{\infty} \frac{\mu_0}{4\pi} \frac{Idl}{r^2} \\
&= \frac{\mu_0}{4\pi} \int_0^\pi \frac{I\sin\theta}{r} d\theta \\
&= \frac{\mu_0 I}{2\pi r} \qquad (2-10)
\end{aligned}
$$

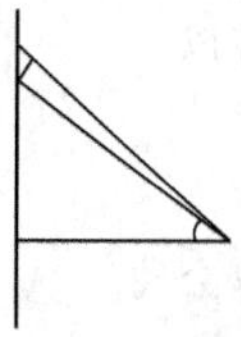

图 2-4

所以，无限长直导线产生的磁场大小与距导线的距离成反比。

思考：请在图 2-4 中标出 θ 角。

[例 2-2]　计算圆形载流线圈轴线上激发的磁场大小。

我们求圆形载流导线轴线上一点的磁感应强度 B，如图 2-5 所示，A 点的电流元 Idl 在轴线上 P 点的磁感应强度为

$$dB = \frac{\mu_0}{4\pi} \frac{Idl}{r^2}$$

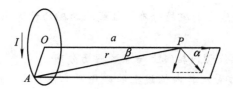

图 2-5

dB 垂直于 dl 和 r，将 dB 分解为与轴线平行的分量 $dB_\parallel$ 和与轴线垂直的分量 $dB_\perp$ 两部分。由对称性可知，在这圆形载流导线上一定存在着另一与 Idl 对称的电流元，在 P 点产生的磁场的垂直分量与 $dB_\perp$ 大小相等但方向相反。不难推得，载流圆导线上所有电流元在 P 点的磁场的垂直分量的矢量和为零，因而 P 点的 B 等于载流圆导线上所有电流元的磁场在平行于轴线方向上的分量的代数和，即

$$B = \oint dB_\parallel$$

而

$$dB_\parallel = dB\cos\alpha = \frac{\mu_0}{4\pi} \frac{Idl}{r^2}\cos\alpha$$

因 $AP \perp dl$、$AO \perp dl$，故 dl 与平面 OAP 垂直，既然 dB 垂直于 dl 和 $r(AP)$ 所确定的平面，dB 必在平面 OAP 之内，即 OP、AP、dB 三线共面。又因 $AP \perp dB$，故有

$$\alpha + \beta = \frac{\pi}{2}$$

所以，

$$dB_{/\!/} = \frac{\mu_0}{4\pi} \frac{I\,dl}{r^2}\sin\beta$$

又 $\sin\beta = \dfrac{R}{r}$，$r = \sqrt{a^2 + R^2}$，故

$$dB_{/\!/} = \frac{\mu_0}{4\pi} \frac{IR\,dl}{(a^2 + R^2)^{3/2}}$$

所以

$$B = \oint_{圆周} dB_{/\!/} = \frac{\mu_0}{4\pi} \frac{IR}{(a^2 + R^2)^{3/2}} \cdot 2\pi R$$

积分得

$$B = \frac{\mu_0}{2} \frac{IR^2}{(a^2 + R^2)^{3/2}} \tag{2-11}$$

这就是圆形载流导线在其轴线上一点的电磁感应的表达式。我们可以讨论两种特殊情况下上述磁场的表达式：

一是当 $a=0$ 时，即考查载流圆导线圆心处的电磁感应强度为

$$B = \frac{\mu_0}{2} \frac{I}{R} \tag{2-12}$$

二是当 $a \to \infty$ 时，即离圆形电流较远时的磁场的表达式为

$$B = \frac{\mu_0}{2} \frac{R^2 I}{a^3} \tag{2-13}$$

在此我们只计算了轴线上的磁场分布，轴线外的磁场计算比较复杂，可以参阅相关书籍了解。

[例2-3]　求载流螺线管内轴线上一点的磁场分布。

如图2-6所示为螺线管及其内轴线上的磁场示意图，均匀地绕在圆柱面上的螺线形线圈称为螺线管，螺线管长度为 L，半径为 R，电流强度为 I，单位长度的匝数为 n（设 n 足够大，能将螺旋状电流看做无限靠近的圆形电流），计算螺线管轴线上一点 P 的磁感应强度 B。

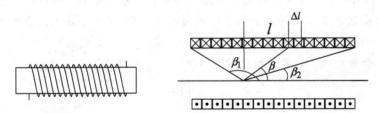

图2-6

如图，在距场点 P 为 l 处，从螺线管上取元段 dl，则该元段有线圈 $n\,dl$ 匝，对 P 点而言，该元段等效于电流强度为 $In\,dl$ 的圆形电流，由式(2-11)可知，该圆形电流在 P 点的磁感应强度为

$$dB = \frac{\mu_0}{2} \frac{R^2 nI\,dl}{(l^2 + R^2)^{3/2}} \tag{2-14}$$

其中 $l = R\cos\beta$，所以

$$\mathrm{d}l = -R\frac{\mathrm{d}\beta}{\sin^2\beta}$$

又

$$\sin^2\beta = \frac{R^2}{R^2+l^2}$$

将以上数据代入式(2-14)得

$$B = -\frac{\mu_0}{2}nI\int_{\beta_2}^{\beta_1}\sin\beta\mathrm{d}\beta = \frac{\mu_0}{2}nI(\cos\beta_1 - \cos\beta_2) \tag{2-15}$$

上式为螺线管轴线上任一点的 B 值，它与 P 点的位置及螺线管长度有关，B 的方向由右手螺旋法则确定。

对式(2-15)做以下讨论：

(1) 当 $L\gg R$ 时，对于螺线管中部而言，可认为其等效于无限长螺线管，这时 $\beta_1=0$、$\beta_2=\pi$，则

$$B = \mu_0 nI \tag{2-16}$$

(2) 在螺线管任一端口的轴线上，此时 $\beta_1=0$、$\beta_2=\pi/2$，则

$$B = \frac{\mu_0}{2}nI \tag{2-17}$$

可见，螺线管端口中心处的磁感应强度是内部磁感应强度的一半。

项目2-2　比奥—萨伐尔实验

任务要求：理解无限长直导线产生的磁场与距导线距离的反比关系。

所需设备：导线、圆盘、小磁针。

演示程序：

① 在竖直的长直导线上挂一个水平的有孔圆盘，沿盘的某一直径对称地放置一对固定磁棒。如图2-7所示。

② 当直导线通以电流 I 时，其磁场将分别给磁铁的两个磁极以相反的两个作用力 f_1 和 f_2，磁极与电流之间的距离分别为 r_1 和 r_2。

③ 观察实验现象：圆盘不会扭转而是保持平衡状态。

说明：实验时之所以对称地放置两个磁棒，有三个作用：

其一，可以平衡重力；

其二，可以消除地磁场的影响；

其三，可以增加实验的灵敏度。

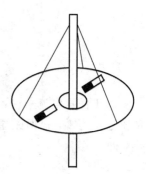

图 2-7

2.1.3　磁感线　静磁场的"高斯定理"

在静电场中，由库仑定律和场的叠加原理导出了高斯定理和环路定理，在恒定电流的磁场中，我们从比奥—萨伐尔定律和场的叠加原理出发，来讨论类似的两个定理。

类比电场线，为了直观地描述磁场，我们引入磁感线。磁感线上每点的切线方向与该点的场强方向相同，磁感线的疏密程度表示磁感应强度的大小。磁感线是闭合的曲线，这是它不同于电场线最大的特点。

磁通量的定义为：$\mathrm{d}\Phi = \boldsymbol{B}\cdot\mathrm{d}\boldsymbol{S}$。对通过任意曲面 S 的磁通量，就是将上式在曲面 S 上

进行积分

$$\Phi = \iint_S \boldsymbol{B} \cdot \mathrm{d}\boldsymbol{S}$$

研究表明,在稳恒电流的磁场中,通过任意闭合曲面 S 的磁通量恒等于零,其数学表达式为

$$\oiint_S \boldsymbol{B} \cdot \mathrm{d}\boldsymbol{S} = 0 \tag{2-18}$$

由于这个定理没有特定的名称,它对应于电场中的高斯定理,所以我们称它为磁场中的"高斯定理"。

下面我们首先证明,磁场中的高斯定理对电流元的场成立。

根据比奥—萨伐尔定律,在距离电流 $I\mathrm{d}l$ 为 r 处的场点 P 的磁场的方向,是以 $I\mathrm{d}l$ 为轴线,$r\sin\theta$ 为半径的圆的切线方向;B 的数值在圆周上处处相等,如图 2-8 所示,该图即为磁场中的"高斯定理"示意图。设在 $I\mathrm{d}l$ 的磁场中有任意闭合曲面 S,做以 $I\mathrm{d}l$ 为轴线、其横截面为矩形的许多无限小圆环。每一矩形圆环均与闭合曲线 S 相交,如图画出了其中一个矩形圆环,它与闭合曲面 S 的交面分别为 $\mathrm{d}S_1$(前面)和 $\mathrm{d}S_2$(后面)。不难理解,闭合曲面 S 被小矩形圆环分割为许多这样成对的小面积元。整个闭合曲面的磁通量等于所有这些成对面元磁通量的代数和。容易证明,电流元对每个小矩形圆环的磁通量为零,所以,电流元产生的磁场对整个曲面的磁通量为零。

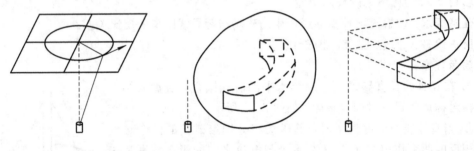

图 2-8

对于任意电流来说,可以将其分解为许许多多的电流元,而每个电流元对闭合的曲面的磁通量为零,根据磁通量叠加原理,可知任意电流激发的磁场对闭合曲面的磁通量为零,即

$$\oiint_S \boldsymbol{B} \cdot \mathrm{d}\boldsymbol{S} = 0$$

2.1.4　安培环路定理

以无限长直导线产生的磁场为例,其截面的磁场分布如图 2-9 所示,距导线距离为 r 的点处的磁场为 $\mu_0 I / 2\pi r$,沿半径为 r 的圆 L 作环路积分得

$$\oint_L \boldsymbol{B}(r) \cdot \mathrm{d}l = B(r)2\pi r = \mu_0 I \tag{2-19}$$

进一步研究表明,磁感应强度 B 沿任意闭合环路 L 积分,等于穿过这个环路的所有电流强度的代数和 I 的 μ_0 倍。可见真空中恒定电流

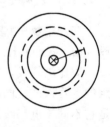

图 2-9

的磁场是一个无源有旋的场。

[**练习**]　如图 2-10 所示，请对两种简单的情况进行验证。

（1）沿不包含电流的闭合曲线 L_1 对 B 进行积分。

（2）沿包含电流的闭合曲线 L_2 对 B 进行积分。

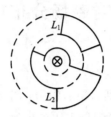

图 2-10

[**例 2-4**]　半径为 R 的均匀无限长圆柱载流直导线，设其电流强度为 I，试计算距轴线为 r 处的磁感应强度 B。

图 2-11 所示为直导线激发的磁场，先求柱外一点 P 的场强，由轴对称性可知，以轴为心，r 为半径的圆周上各点 B 有相同的数值。至于 B 的方向可由以下分析得到。将圆柱体分为许多细窄柱，每一窄柱可以看成无限长直线电流。如图所示，窄柱 $d\tau_1$ 和 $d\tau_2$ 在 P 点产生的磁感应强度为 dB_1 和 dB_2，它们的合成磁场 $dB = dB_1 + dB_2$，垂直于半径 r，由于整个柱面可以这样成对地分割为许多对称的窄柱，每对窄柱的合成磁感应强度均垂直于半径，因而总电流 I 产生的 B 的方向必垂直于 r，即在圆周的切线方向。

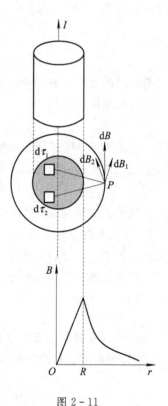

图 2-11

将安培环路定理用于此圆周上有：

$$\oint_L \boldsymbol{B} \cdot \mathrm{d}l = B2\pi r = \mu_0 I$$

故

$$B = \frac{\mu_0}{2\pi}\frac{I}{r} \qquad (r > R) \qquad (2-20)$$

即圆柱外一点 B 与全部电流集中于柱轴时的线电流产生的 B 相同。

用上述方法同样可以求得柱内一点 B，过柱内一点作以轴为心的圆周，设其半径为 r，显然在此圆上各点的 B 值相同，方向在圆周的切线方向上，将安培环路定理应用到此圆上，此时圆周所围的电流为 $\dfrac{r^2}{R^2}I$，故

$$\oint_L \boldsymbol{B} \cdot \mathrm{d}l = B2\pi r = \mu_0 \frac{r^2}{R^2}I$$

所以有：

$$B = \frac{\mu_0 r}{2\pi R^2}I \qquad (r < R) \qquad (2-21)$$

可见，柱内磁场 B 的大小正比于该点到轴线的距离 r。

由以上结论可做出 B 对 r 的函数曲线，由图可见在柱表面上的 B 是连续的并有最大值。

2.2　介质对磁场分布规律的影响

2.2.1　磁矩

通有电流的线圈在磁场中会受到力矩的作用，图 2-12 所示为磁矩示意图，当线圈平面和磁场方向平行时，线圈所受磁场力的力矩大小为

$$T = ISB \qquad (2-22)$$

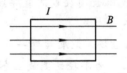

图 2-12

它与线圈的面积 S 和线圈的形状无关。

定义线圈的磁矩

$$\boldsymbol{p}_m = \boldsymbol{I}\boldsymbol{S} \qquad (2-23)$$

它是矢量，规定其方向为载流线圈的法线方向（满足右手螺旋关系）。显然，载流线圈所受的力偶矩的一般表达式可写为

$$\boldsymbol{T} = \hat{e}_T ISB \ \sin\theta = \hat{e}_T \boldsymbol{p}_m B \ \sin\theta = \boldsymbol{p}_m \times \boldsymbol{B} \qquad (2-24)$$

这个力偶矩总是试图使这个线圈的磁矩 p_m 转到 B 的方向上去，当 p_m 与 B 的夹角为 $\pi/2$ 时，力偶矩最大，当 p_m 与 B 的夹角为 0 时，力偶矩最小。

引入了磁矩以后，就可以用磁矩表示平面载流线圈的磁场。

利用比奥—萨伐尔定律，可求得圆形载流导线的轴线上任一点的磁感应强度大小为

$$B = \frac{\mu_0 R^2 I}{2(R^2 + r^2)^{3/2}} \qquad (2-25)$$

其中 R 是圆形载流导线的半径，r 为考查点到线圈圆心的距离。

当 $r \gg R$ 时，上式变为

$$B = \frac{\mu_0 R^2 I}{2r^3} \qquad (2-26)$$

可将上式改写为

$$B = \frac{\mu_0 R^2 I\pi}{2r^3 \pi} = \frac{\mu_0 IS}{2\pi r^3} = \frac{\mu_0 p_m}{2\pi r^3} \qquad (2-27)$$

理论研究表明，不但是圆形载流体轴线上，而且在远离载流体空间各点的 $\boldsymbol{B}$，都由空间的位置和磁矩 $\boldsymbol{p}_m$ 所决定。

综上所述，无论在产生磁场方面，还是在磁场中所受力偶方面，只要载流线圈的磁矩 $\boldsymbol{p}_m$ 相同，它们的效果就相同，所以磁矩 $\boldsymbol{p}_m$ 是反映载流线圈的一个重要物理量。

2.2.2　有介质存在时磁场的分布特点

在磁场作用下能发生变化并能反过来影响磁场的介质叫磁介质。磁介质在磁场的作用下的变化叫磁化。事实上，任何物质在磁场作用下都或多或少地发生变化并反过来影响磁场，因此任何物质都可以看成磁介质。

磁介质的磁化可以用安培的分子电流假说来解释。安培认为：由于电子的运动，每个磁介质分子相当于一个环形电流，叫分子电流。分子电流的磁矩叫分子磁矩。在没有外加磁场时，磁介质中各个分子电流的取向是杂乱无章的，所以宏观上磁介质不显磁性，当外界存在磁场时，磁介质内部各分子电流的磁矩或多或少地转向磁场方向，这就是磁介质的磁化。

如图 2-13 是均匀磁介质在均匀磁场中磁化的例子。在螺线管内充满某种均匀磁介质，当螺线管线圈通有电流时，螺线管内出现沿轴线方向的磁场，在它的作用下，磁介质中每个分子电流会变向，取向趋于一致，为简单起见，考虑磁介质中的一个截面，并假定每个分子电流的取向都变成如图方向，从宏观上看，磁介质表面则相当于有电流流过，这是分子电流规则排列的宏观效果。这种因磁化而出现的宏观电流叫做磁化电流（相当于电介质极化时的极化电荷）。值得注意的是，磁化电流是分子电流因磁化而呈现的宏观电流，它不伴随着带电粒子的宏观位移，而一般意义上的电流叫自由电流（相对于电介质极化时的自由电荷）。是伴随着带电粒子的宏观位移的。

正如有电介质时电场 E 是由自由电荷与极化电荷共同产生一样，有磁介质时的磁场 B 也是由自由电流与磁化电流共同产生的，即：

$$B = B_0 + B' \qquad (2-28)$$

其中 B_0 是自由电流产生的磁感应强度，B' 是磁化电流产生的磁感应强度。

图 2-13

为了描述磁介质磁化的程度，在磁介质中取一个物理无限小体积元 $\Delta\tau$，磁化前，体元中各分子磁矩方向杂乱无章，整个体元内分子磁矩矢量和为零，磁化后，由于各分子磁矩的取向趋于一致，体元内磁矩的矢量和不为零，磁化越强，这个矢量和越大。因此，我们把单位体积内的分子磁矩的矢量和叫做磁化强度，用它来描述磁介质被磁化的程度，记做：

$$M = \frac{\sum p_{mi}}{\Delta\tau} \qquad (2-29)$$

其中 p_{mi} 表示物理无限小体积元 $\Delta\tau$ 内第 i 个分子的磁矩，因为 $\Delta\tau$ 是物理无限小，所以 M 就能描述不同宏观点的磁化程度。如果磁介质中各点的 M 相同，就说它是均匀磁化的。

研究表明，磁介质可按其磁特性分为三类：顺磁质、抗磁质、铁磁质。顺磁质和抗磁质的磁特性与铁磁质有很大不同，合称为非铁磁质，非铁磁质又有各向同性与各向异性之分。实验表明，对于各向同性非铁磁质中的每一点，其磁化强度 M 与磁感应强度 B 大小成正比，方向和 B 平行，即：

$$M = gB \qquad (2-30)$$

g 的数值可以为正，也可以为负，取决于磁介质的性质。当 $g > 0$ 时，M 与 B 同向，这种磁介质是顺磁质；当 $g<0$ 时，M 与 B 反向，这种磁介质是抗磁质。

2.2.3　磁化电流

电流强度是针对一个面定义的，通过某面的电流强度等于单位时间内流过该面的电量。由于磁介质内布满了分子电流，磁介质磁化后分子电流又有一定的取向，所以，讨论磁化电流，就是讨论通过磁介质内任一曲面 S 的磁化电流强度 I'。

设曲面 S 的边界线为 L，如图 2－14 所示，只有那些环绕曲线 L 的分子电流对 I' 才有贡献，因为其他分子电流要么不穿过曲面 S，要么沿相反方向两次穿过 S 而抵消，因此，求出环绕 L 的分子电流个数再乘以分子电流值便可求得 I'。在曲线 L 取一小段 $\mathrm{d}l$，由于 $\mathrm{d}l$ 很短，可以认为 $\mathrm{d}l$ 内各点的 M 相同（尽管 M 在整个曲线上的值可以不同），为简单起见，假定 $\mathrm{d}l$ 附近各分子磁矩取向与曲面的法线方向垂直，如示方向。以 $\mathrm{d}l$ 为轴线做一圆柱体，其两底边与分子电流所在平面平行，底的半径等于分子电流的半径。这样，只有中心在圆柱体内的分子电流才环绕 $\mathrm{d}l$，设单位体积的分子数为 N，则中心在柱体内的分子数为 $NS\,\mathrm{d}l\cos\theta$，其中 S 是柱底的面积，θ 是 M 与 $\mathrm{d}l$ 的夹角，则这些分子贡献的电流是

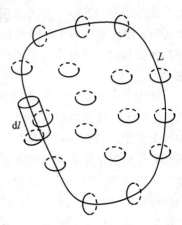

图 2－14

$$\mathrm{d}I' = I_m NS\,\mathrm{d}l\cos\theta$$

其中，I_m 是每个分子电流的强度，故 I_mS 是分子磁矩的大小，NI_mS 是磁化强度 M 的大小，因此

$$\mathrm{d}I' = M\,\mathrm{d}l\cos\theta = \boldsymbol{M}\cdot\mathrm{d}\boldsymbol{l}$$

整个曲面 S 的磁化电流强度就是沿曲面 S 的边界 L 对上式积分，即

$$I' = \oint_L \boldsymbol{M}\cdot\mathrm{d}\boldsymbol{l} \tag{2-31}$$

上面讨论的电流是体磁化电流。它可以看做是在磁介质内部体积中流过的一种电流。讨论磁介质磁化时，往往需要使用"面电流"的概念，当电荷集中于两种介质界面附近的一个薄层内运动，而所研究的场点与薄层的距离远大于薄层厚度时，可以近似认为电流只在一个几何面（介质的交界面）上流动，这种电流就叫面电流。面电流的分布可以用面电流密度来描述，我们定义界面上的面电流密度是一个矢量，其方向和该点的电荷运动方向相同，大小等于单位时间流过该点处与电荷运动方向垂直的单位长度的电量。

由上面讨论可得到以下两个结论：

（1）磁介质内磁化电流密度由磁化强度 M 决定。在均匀磁介质内部，其电流密度为零。

（2）两磁介质界面上的面磁化电流密度为

$$i' = M_2 - M_1 \tag{2-32}$$

为证明上式，只需在界面附近做一个极窄的小矩形，如图 2－15 所示。其证明过程可参考相关文献。

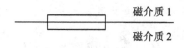

图 2 - 15

2.2.4 磁场强度 有介质时的磁场环路定理

当空间的传导电流分布及磁介质的性质(各点的 g 值)已知时,理论上应能求得空间各点的磁感应强度 B,然而,如果从比奥—萨伐尔定律出发求 B,必须知道全部电流(包括传导电流和磁化电流)的分布,而磁化电流依赖于磁化强度 M,磁化强度又依赖于总的磁感应强度 B,这就形成了计算上的循环。在电介质理论中我们遇到过类似的情况,解决的办法是列出足够数量的方程然后联立求解。为了求解方便,还设法从方程中消去极化电荷并引入一个辅助物理量 D,最后得出关于 D 的高斯定理,其表达式中不再带有极化电荷。磁介质的问题也可以用完全类似的方法解决。

根据磁场的安培环路定理,磁感应强度 B 沿任一闭合曲线 L 的积分为

$$\oint_L \boldsymbol{B} \cdot \mathrm{d}\boldsymbol{l} = \mu_0 I$$

其中 I 是通过以 L 为边线的曲面的电流强度,当场中存在磁介质时,只要把 I 理解为既包括传导电流又包括磁化电流,则上式仍然成立。以 I_0 和 I' 分别表示穿过闭合曲线 L 的传导电流和磁化电流,则

$$\oint_L \boldsymbol{B} \cdot \mathrm{d}\boldsymbol{l} = \mu_0 (I_0 + I') \tag{2-33}$$

将 $I' = \oint_L \boldsymbol{M} \cdot \mathrm{d}\boldsymbol{l}$ 代入上式可得

$$\oint_L \boldsymbol{B} \cdot \mathrm{d}\boldsymbol{l} = \mu_0 \left(I_0 + \oint_L \boldsymbol{M} \cdot \mathrm{d}\boldsymbol{l} \right)$$

即

$$\oint_L \left(\frac{\boldsymbol{B}}{\mu_0} - \boldsymbol{M} \right) \cdot \mathrm{d}\boldsymbol{l} = I_0 \tag{2-34}$$

为方便起见,引入一个辅助性的矢量 H,其定义为

$$\boldsymbol{H} = \frac{\boldsymbol{B}}{\mu_0} - \boldsymbol{M} \tag{2-35}$$

由上式便可写为

$$\oint_L \boldsymbol{H} \cdot \mathrm{d}\boldsymbol{l} = I_0 \tag{2-36}$$

这就是有磁介质时的安培环路定理。把真空看成磁介质的特例,其 $M=0$,则由式(2-35)可知,$\boldsymbol{H} = \boldsymbol{B}/\mu_0$,故式(2-36)可以写成

$$\oint_L \frac{\boldsymbol{B}}{\mu_0} \cdot \mathrm{d}\boldsymbol{l} = I_0 \tag{2-37}$$

这就是真空中的安培环路定理,因此,有磁介质的安培环路定理可以看做是真空中环路定理的推广形式。

将 $\boldsymbol{M} = g\boldsymbol{B}$ 代入(2-35)式可得

$$\boldsymbol{H} = \frac{\boldsymbol{B}}{\mu_0} - \boldsymbol{M} = \frac{\boldsymbol{B}}{\mu_0} - g\boldsymbol{B} = \left(\frac{1}{\mu_0} - g \right) \boldsymbol{B}$$

令 $\mu = 1/\left(\dfrac{1}{\mu_0} - g\right)$，则：

$$H = \frac{B}{\mu} \quad \text{或} \quad B = \mu H \tag{2-38}$$

这是描写各向同性非铁磁介质中 B 与 H 之间关系的重要表达式，即磁介质的性能方程。一般各向同性非磁介质的 μ 都是正的常数，所以由上式可知，各向同性非铁磁介质内每点的 B 与 H 方向相同，大小成正比。μ 叫做磁介质的绝对磁导率，是描写磁介质性质的宏观点函数，把真空看成磁介质的特例，此时 $\mu = \mu_0$，μ_0 是真空的绝对磁导率。某种磁介质的绝对磁导率与真空的绝对磁导率的比值，叫该磁介质的相对磁导率，记做 μ_r，即

$$\mu_r = \frac{\mu}{\mu_0} \tag{2-39}$$

通过查阅相关资料，完成下表。

介 质	绝对磁导率	相对磁导率

[例 2-5] 在密绕螺线管中充满均匀非铁磁质，已知螺绕环的传导电流为 I，单位长度匝数为 n，螺线管的截面积比导线的截面积大得多，非铁磁质的绝对磁导率为 μ，求环内外的磁场强度 H 和磁感应强度 B。

首先证明螺线管内任一点的 B 的方向平行于轴线方向。我们用反证法：设通电螺线管在 P 点的 B 如图 2-16 所示，偏离了轴线方向。由于螺线管无限长，可认为 P 点位于中心位置，过 P 做直线 zz' 垂直于轴线 oo'。现以 zz' 为轴将螺线管转 180°，则 P 点的磁感应强度必为与 B 对称的矢量 B'，再令螺线管电流反向，按照比奥—萨伐尔定律，电流反向，磁感应强度必反向，因此这时 P 点的磁感应强度必为 $-B'$，而此时螺线管的状态完全等同于螺线管未绕 zz' 转动前的状态，因此 $-B'$ 应与 B' 重合，与原假设磁感应强度和轴线偏离矛盾，故 P 点的 B 只能取与轴线平行的方向。

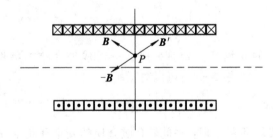

图 2-16

再将安培环路定理应用于图 2-17 中的 $abcda$ 矩形闭合曲线，其中 bc 段在轴线上，并注意该曲线所包围的电流为零，所以

$$\oint_{abcda} \boldsymbol{B} \cdot \mathrm{d}l = \int_a^b \boldsymbol{B} \cdot \mathrm{d}l + \int_b^c \boldsymbol{B} \cdot \mathrm{d}l + \int_c^d \boldsymbol{B} \cdot \mathrm{d}l + \int_d^a \boldsymbol{B} \cdot \mathrm{d}l$$

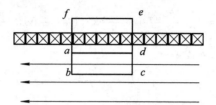

图 2 - 17

在 ab、cd 段，各处 B 与 $\mathrm{d}l$ 垂直，因而

$$\int_a^b \boldsymbol{B} \cdot \mathrm{d}l = \int_c^d \boldsymbol{B} \cdot \mathrm{d}l = 0$$

由于螺线管无限长，在 bc 段各点的磁感应强度 B 相等，同理 da 段各点上的磁感应强度也相等，所以

$$\oint_{abcda} \boldsymbol{B} \cdot \mathrm{d}l = B_{da} \int_a^b \mathrm{d}l - B_{bc} \int_b^c \mathrm{d}l = (B_{da} - B_{bc})l = 0$$

故

$$B_{da} = B_{bc}$$

再由式（2 - 16），并结合有磁介质时的环路定理可知，无限长螺线管内部为匀强磁场，其磁感应强度大小为

$$B = \mu n I \qquad\qquad (2 - 40)$$

磁场强度大小为

$$H = nI \qquad\qquad (2 - 41)$$

再沿 $adef$ 积分可得，无限长螺线管外部的磁感应强度为零。

2.2.5　磁场的能量

上一章我们了解了电场具有能量，建立了"场的能量"的概念，并从特例推出了电能体密度的表达式为

$$w = \frac{\varepsilon E^2}{2} = \frac{DE}{2}$$

与此对应，现在讨论磁场的能量。

虽然磁场力对单一的运动电荷不做功，但对载流导线，在导线通以电流建立磁场的过程中，外来能源将提供一定的能量。根据能量守恒定律，外来能源将被转换为储存在导线周围的磁能而被储存起来。

当螺线管不通电时，螺线管中没有磁场，这时无磁能存在。线圈通电后，电源必须克服线圈的自感电动势的反作用而做功，直至线圈电流从零增加到稳定值 I 为止。根据能量守恒定律，外电源克服自感电动势所做的功，被转化为储存在线圈内的磁能。由电工知识可知，其磁能的大小为

$$W_m = \frac{LI^2}{2}$$

式中 L 是线圈自感系数，I 是最终流过线圈的稳态电流。

我们知道，I 与磁场强度 H 有关，L 与磁通量 Φ_m 有关。故可将式(2-32)改写成

$$W_m = \frac{1}{2}LI^2 = \frac{1}{2}\frac{N\Phi_m}{I}I^2 = \frac{1}{2}N\Phi_m I = \frac{1}{2}NBS\frac{Hl}{N} = \frac{1}{2}BHSl$$

以上推导中利用了下列关系式

$$L = \frac{N\Phi_m}{I}$$

$$\Phi_m = BS$$

$$Hl = NI$$

如果设 l 为螺线管中心线长度，则 $V=Sl$。因此该磁场的磁能密度（即单位体积内的磁能）为

$$w_m = \frac{W_m}{V} = \frac{W_m}{Sl} = \frac{1}{2}BH \qquad (2-42)$$

这里 H 为环形螺线管中心线上的磁场强度值。若磁能 W_m 的单位为焦耳(J)，则磁能密度 W_m 的单位为焦耳/米^3(J/m^3)。公式(2-42)虽然是从特例得出的，但可以证明它对任何磁场均实用。

对于非均匀磁场，可在整个磁场对上式进行积分求得

$$W_m = \iiint \frac{\boldsymbol{B} \cdot \boldsymbol{H}}{2}\mathrm{d}\tau \qquad (2-43)$$

2.3　测量地磁场的水平分量

2.3.1　地磁场

地球是一个大磁体，地球本身及其周围空间存在着电磁场，地球磁场的强度和方向随地点、时间而发生变化。地磁场的 NS 极所在的轴线和地球自转轴斜交了一个角度 $\theta_0 \approx 11.5°$。所以地磁极与地理南北极相近但不相同。

地球表面任何一点的地磁场的磁感应强度 B 具有一定的大小和方向，在地理坐标系中如图 2-18 所示。O 点表示测量的点，x 轴指向北，y 轴指向东，z 轴垂直于地平面指向地下。xOy 面代表地平面。地磁场 B 在 xOy 平面上的投影称为地磁场的水平分量，水平分量偏离地理南北方向的夹角 D 称为磁偏角，我们规定，磁偏角东偏为正，西偏为负。B 偏离水平面的角度 I 称为磁倾角，规定下倾为正，上仰为负，则在北半球的大部分地区的磁倾角为正。

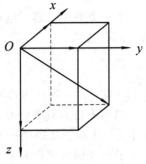

图 2-18

2.3.2　正切电流计

亥姆霍兹线圈是由一对半径为 R，匝数 N 均相同的线圈组成，两线圈彼此平行且共轴，线圈间距正好等于半径 R。如下图所示，坐标原点选在两线圈圆心连线的中点 O。

若给两线圈通以方向大小都相同的电流，则可以证明，它们在轴线上产生的磁感应强

度为

$$B_x = \frac{\mu_0 IR^2 N}{2[R^2 + (R/2+x)^2]^{3/2}} + \frac{\mu_0 IR^2 N}{2[R^2 + (R/2-x)^2]^{3/2}} \qquad (2-44)$$

若令 $x=0$，则可写出原点 O 处的磁场的表达式

$$B_0 = \frac{8}{5^{3/2}} \frac{\mu_0 IN}{R} \qquad (2-45)$$

若令 $x=R/10$，则该处的 B 值和 $x=0$ 处的 B 值相对差异只有 0.012%。所以，亥姆霍兹线圈在原点 O 附近的磁场非常均匀。而该均匀磁场的大小可以根据上式算出。

在亥姆霍兹线圈公共轴线的中点处，水平放置一罗盘，就制成一台正切电流计。如图 2-19 所示。

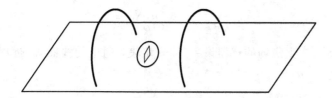

图 2-19

在给亥姆霍兹线圈通电前，先令线圈平面与罗盘指针相平行，即线圈平面处于南北方向。然后在线圈中通以直流电，亥姆霍兹线圈产生的磁感应强度 B' 和地磁场的水平分量 $B_{/\!/}$ 垂直，罗盘的指针就会在 B' 和 $B_{/\!/}$ 的共同作用下发生偏转，与原来的位置成一定的角度 θ，如图 2-20 所示，由图可知

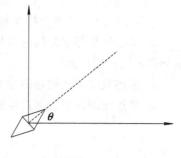

$$\frac{B'}{B_{/\!/}} = \tan\theta$$

图 2-20

亥姆霍兹线圈产生的磁场可由 $B' = \frac{8}{5^{3/2}} \frac{\mu_0 IN}{R}$ 算出，代入上式可得

$$B_{/\!/} = \frac{8}{5^{3/2}} \frac{\mu_0 NI}{R \tan\theta} \qquad (2-46)$$

即

$$I = \frac{5^{3/2}}{8} \frac{RB_{/\!/}}{\mu_0 N} \tan\theta = K \tan\theta \qquad (2-47)$$

对于同一测量地点和给定的正切电流计，K 为一常量。所以，流过亥姆霍兹线圈的电流与磁针偏转角 θ 的正切成正比，因此这种电流计称为正切电流计。若能测得流过正切电流计的电流 I 与罗盘指针的偏转角 θ，也就能算出地磁场的水平分量了。

项目 2-3：地磁场水平分量的测量

任务要求：测出地磁场水平分量的强度。

所需设备：亥姆霍兹线圈。

演示程序：

① 按正切电流计示意图连好电路，将罗盘放置在亥姆霍兹线圈轴线中心位置，构成一

台正切电流计。

　　② 调节正切电流计底座的底脚螺丝使水平器气泡调至中间位置，即使罗盘位于水平位置，这样可以认为线圈平面处于铅垂方向。

　　③ 旋转整个正切电流计装置使线圈平面与罗盘指针相平行，并使罗盘指针的 N 极指向零刻度线。这样线圈通电后产生的磁场就会与地磁场的水平分量垂直。

　　④ 调节电阻箱的阻值，改变通过正切电流计的电流值，从罗盘上读出磁针的偏转角度 θ。为了消除罗盘指针偏心误差，可从罗盘上读得两个读数 θ_1 和 θ_2，如图所示。通过转向开关使电流换向，同样在罗盘上又读得两个值 θ_3 和 θ_4，则偏转角 $\theta=(\theta_1+\theta_2+\theta_3+\theta_4)/4$。

　　⑤ 逐次增加电流值，可测得一系列的偏转角 θ 值。将测得的电流 I 和偏转角 θ 做 $I-\tan\theta$ 图，由图像求出其斜率 b 值。即可求得地磁场的水平分量为

$$B_{/\!/} = \frac{8}{5^{3/2}} \frac{\mu_0 N}{R} \cdot b$$

实验时尽量将易产生磁场的仪器设备(如安培表，通电的线圈等)远离正切电流计，以免产生较大的误差。

课后练习题

　　1. D、E、B、H 四个物理量中，哪几个与媒质的特性有关？

　　2. 试绘制平行双线间的电场和磁场分布，并确定导体中电流密度的方向和电场方向。设导体通以恒定电流。

　　3. 简述北半球地磁场的分布特点。

　　4. 简述亥姆霍兹线圈产生磁场的特点。

项目三　用 HFSS 观察平面电磁波

❖ 学习目标 ❖

- 掌握电磁感应的规律。
- 理解麦克斯韦方程组的含义。
- 熟悉电磁仿真软件 HFSS。
- 能用 HFSS 软件观察特定情况下的电磁波。
- 了解电磁波的无线传播。
- 了解电磁波的有线传播。

❖ 工作任务 ❖

- 熟悉 HFSS 的基本操作。
- 能通过 HFSS 观察电磁波的传播情况。

电和磁进入人类社会已有两千多年的历史。但是在 19 世纪 60 年代前，电与磁是两个并行的互不相联的学科，直到英国科学家麦克斯韦（Maxwell）创造性地引入位移电流的新概念，总结归纳了自然界的电磁现象，形成了完整的电磁场理论，奠定了电磁波理论的基础。从此，人们知道电与磁不再是平行且互不相联的，而是事物本身的两个方面。麦克斯韦不但把电与磁融为一体，他还证明光是电磁波的一部分。电磁波包括了从所谓的超长波到长波、中波、短波、超短波、米波、分米波、厘米波、毫米波、近红外光、红外光、可见光、紫外光以至 x 射线、γ 射线等。

1895 年马克尼和波波夫分别进行了最初的无线电通信试验，1920 年世界上的第一座广播电台建立，第二次世界大战期间人们把无线电频段推进到了微波段，并扩大了应用领域，特别在雷达和导航等方面。近几十年又发展了毫米波、亚毫米波和激光波段，并在工业、农业、医疗、商业等所有领域都使用了电磁波技术。可以这么说，现代人对离开电磁波的生活是难以想象的。

电磁波技术所涉及的知识面很广。本节仅对有关的基础知识做适当的讲述，主要内容有电磁感应的规律、麦克斯韦方程组、电磁场的基本知识、电磁波的基本特性、电磁波的有线传播和无线传播、仿真技术等。

3.1 平面电磁波

3.1.1 电磁感应

既然电流能够激发磁场，人们自然想到磁场是否也会产生电流。法国物理学家菲涅尔曾经提出过这样的问题：通有电流的线圈能使它里面的铁棒磁化，磁铁是否也能在其附近的闭合线圈中引起电流？为了回答这个问题，他以及其他许多科学家曾经做了许多实验，但都没有得到预期的结果。直到 1831 年 8 月，这个问题才由英国物理学家法拉第以其出色的实验给出决定性的答案。他的实验表明：当穿过闭合线圈的磁通量改变时，线圈中出现电流。这个现象叫电磁感应。电磁感应中出现的电流叫感应电流，它和其他电流没有本质的区别。

要在闭合电路中维持电流必须接入电源。单位电荷从电源一端经电源内部移至另一端时，非静电力做的功就是电源的电动势。感应电流的产生说明在闭合的电路中一定存在着某种电动势，我们称之为感应电动势。大量实验表明，电路中的感应电动势与穿过电路的磁通量的变化率成正比

$$U_e = k \frac{\mathrm{d}\phi}{\mathrm{d}t} \tag{3-1}$$

其中 k 是比例常数，取决于 U_e、ϕ、t 的单位，当 U_e 的单位为伏特，ϕ 的单位为韦伯，t 的单位为秒时，$k=1$。

上式只能用来确定感应电动势的大小，关于感应电动势的方向，俄国物理学家楞次在法拉第研究成果的基础上，通过实验总结出如下规律：

感应电流的磁通量总是试图阻碍引起感应电流的磁通量的变化。

当约定感应电动势 U_e 与磁通量 ϕ 的方向互成右手螺旋关系时，考虑楞次定律后的法拉第电磁感应定律可以写成

$$U_e = -\frac{\mathrm{d}\phi}{\mathrm{d}t} \tag{3-2}$$

法拉第电磁感应定律说明，只要闭合电路的磁通量发生变化，电路中就有感应电动势产生，并没有说明这种变化的原因。因为磁通量是磁感应强度对某个曲面的通量，磁通量变化的原因无非有以下三种情况：

（1）B 不随时间变化（即恒定磁场），而闭合电路的整体或局部在运动。这样产生的感应电动势叫动生电动势。

（2）B 随时间变化，而闭合电路的任一部分都不动，这样产生的感应电动势叫感生电动势。

（3）B 随时间变化的同时，闭合电路也在运动。不难看出，这时的感应电动势是动生电动势和感生电动势的叠加。

3.1.2 动生电动势 感生电动势

先讨论第一种情况，即：B 不随时间变化（即恒定磁场），而闭合电路的整体或局部在

运动。这种情况下产生的动生电动势，可以用已有的理论来推出。

电荷在磁场中运动时要受到洛伦兹力，洛伦兹力正是动生电动势产生的原因。如图 3-1 所示，导线 ab 以速度 v 向右平移，它里面的自由电子也随之向右运动。由于线框在外加磁场中，向右运动的电子就会受到洛伦兹力，它促使电子向下运动，闭合线框内便出现逆时针方向的电流，这就是感应电流，产生这个感应电流的电动势存在于 ab 段中（动生电动势），即运动着的 ab 段可以看成一个电源，其非静电力就是洛伦兹力。

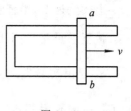

图 3-1

我们再讨论第二种情况，当线圈不动而磁场变化时，穿过线圈的磁通量也会发生变化，由此引起的感应电动势叫做感生电动势。在这种情况下，线圈不运动，线圈中的电子并不受洛伦兹力，这说明感生电动势这一实验现象将导致一个新的结论产生：变化的磁场产生电场，我们叫感生电场。线圈中的电子正是受到这个感生电场的作用力，才产生电流。

在一般情况下，空间中既可存在由电荷产生的电场，又可存在由变化的磁场产生的电场，所以空间的总场强应是它们两个的矢量和，即

$$\boldsymbol{E} = \boldsymbol{E}_库 + \boldsymbol{E}_感 \qquad (3-3)$$

3.1.3　感生电场的性质

类比于研究库仑电场时的高斯定理和环路定理，其表达式分别为

$$\oiint \boldsymbol{E} \cdot \mathrm{d}\boldsymbol{S} = \frac{q}{\varepsilon_0} \qquad （对任意封闭曲面，即高斯面）$$

$$\oint_L \boldsymbol{E} \cdot \mathrm{d}\boldsymbol{l} = 0 \qquad （对任意闭合曲线）$$

现在分别把高斯定理和环路定理应用于感生电场。首先可以肯定一点，就是 $\boldsymbol{E}_感$ 对任意闭合曲线的积分，即 $\oint_L \boldsymbol{E}_感 \cdot \mathrm{d}\boldsymbol{l}$ 不可能为零，否则任一闭合线圈的感生电动势为零，这与实验现象不符。

我们假设一个单位电荷在感生电场中沿某一闭合曲线运动，该单位电荷在闭合电路中移动一周时感生电场力做的功在数值上等于电动势，故 $\boldsymbol{E}_感$ 沿某一闭合曲线 L 的积分一周等于感生电动势，再由法拉第定律，有

$$\oint_L \boldsymbol{E}_感 \cdot \mathrm{d}\boldsymbol{l} = -\frac{\mathrm{d}\phi}{\mathrm{d}t} \qquad (3-4)$$

其中 ϕ 是穿过这个闭合电路（或更一般地说这条闭合曲线 L）的磁通量，上式中的积分方向应与 ϕ 的正方向成右手螺旋关系。再根据磁通量的定义

$$\phi = \iint_S \boldsymbol{B} \cdot \mathrm{d}\boldsymbol{S}$$

所以有

$$\oint_L \boldsymbol{E}_感 \cdot \mathrm{d}\boldsymbol{l} = -\frac{\mathrm{d}}{\mathrm{d}t}\iint_S \boldsymbol{B} \cdot \mathrm{d}\boldsymbol{S} = -\iint_S \frac{\partial \boldsymbol{B}}{\partial t} \cdot \mathrm{d}\boldsymbol{S} \qquad (3-5)$$

上式中曲面 S 的法线方向应选得与曲线 L 的积分方向成右手螺旋关系。$\boldsymbol{B}$ 对 t 的变化率之所以不写成 $\frac{\mathrm{d}\boldsymbol{B}}{\mathrm{d}t}$ 而写成 $\frac{\partial \boldsymbol{B}}{\partial t}$，是因为 B 既是坐标 x, y, z 的函数又是 t 的函数，$\frac{\partial \boldsymbol{B}}{\partial t}$ 表示同

一点(x，y，z 为常数)的 B 随 t 的变化率。

上式就是 $E_感$ 沿任意闭合曲线的环流表达式。可以看出，$E_感$ 不是位场，而是涡旋场。

接下来研究 $E_感$ 对闭合曲面的通量 $\oiint E_感 \cdot \mathrm{d}S$ 服从什么规律。

$E_感$ 是由实验发现的，关于 $\oiint E_感 \cdot \mathrm{d}S$ 服从什么规律本来也应由实验解决，但 $E_感$ 及 $\oiint E_感 \cdot \mathrm{d}S$ 不易测量，在这种情况下，麦克斯韦假设 $E_感$ 对任何闭合曲面的电通量都为零，即

$$\oiint E_感 \cdot \mathrm{d}S = 0 \qquad (3-6)$$

至于这个结论的正确性，可根据由它推出的各种结论与实验的对比来验证。后来的验证表明，这个假设是正确的。

这样，我们就得到了两个关于 $E_感$ 的重要结论

$$\oint_L E_感 \cdot \mathrm{d}l = -\iint_S \frac{\partial B}{\partial t} \cdot \mathrm{d}S \qquad (3-7)$$

$$\oiint E_感 \cdot \mathrm{d}S = 0 \qquad (3-8)$$

由于总电场为

$$E = E_库 + E_感 \qquad (3-9)$$

所以总电场满足如下方程

$$\oiint E \cdot \mathrm{d}S = \frac{q}{\varepsilon} \qquad (3-10)$$

$$\oint_L E \cdot \mathrm{d}l = -\iint_S \frac{\partial B}{\partial t} \cdot \mathrm{d}S \qquad (3-11)$$

综上所述，交变磁场将产生交变电场即感生电场，并具有以下性质：

(1) 感生电场与静电场相比，对电荷均有作用力，并均可用电力线(或电位移线)来表征其性质。但静电场的电力线是起于正电荷，止于负电荷，即有头有尾的，而感生电场电力线则是无头无尾的闭合曲线。

(2) 感生电场由交变磁场产生，其方向根据右手螺旋定则确定。因而感生电场 E 与交变磁场 H 必然是彼此垂直的，即 E 线与 H 线正交。

(3) 感生电场由交变磁场产生，所以感生电场也是交变的。在均匀介质中，感生电场将随交变磁场的变化规律而变化。例如，交变磁场按余弦规律变化，则感生电场也将按余弦规律变化。

3.1.4 位移电流

麦克斯韦对电磁场理论的重大贡献的核心是位移电流的假设。

如图 3 - 2 所示，当电源是交流电时，由于电容极板周期性地充放电，也使得电路中有自由电荷往复移动，形成了交流电流。考查电容 C 的内部，因没有电荷通过，所以其内部没有我们通常所说的电流。但根据串联电路的特点，流经电路各处的电流应该相等，电流在遇到电容时不应断流，即：电容内部也应该有"电流"，我们把这个"电流"叫位移电流，

以区别于传导电流。

显然，若电容外的电路的电流为零，则电容极板上电量保持不变，电容内的电场也保持不变，此时电容内的位移电流当然也为零；若电容外的电路有电流，则电容极板所带电量将发生变化，那么电容内的电场也将发生变化，此时，电

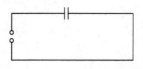

图 3 - 2

容内部也就相当于有位移电流通过。容易得出，若电场是增大的，则位移电流密度的方向和电场方向一致，若电场是减小的，则位移电流密度的方向和电场方向相反；位移电流密度的大小与电场随时间的变化率成正比，进一步研究表明，它们之间的关系满足下式

$$j_d = \varepsilon \frac{\partial E}{\partial t} = \frac{\partial D}{\partial t} \qquad (3-12)$$

其中 j_d 表示位移电流密度的大小。值得注意的是，位移电流和传导电流是两个不同的物理概念，它们的共同性质是它们按相同的规律激发磁场，而其他方面则是截然不同的。比如位移电流就不产生焦耳热。

引入了位移电流以后，我们知道，激发磁场的不仅是一般意义上的传导电流，还有变化的电场（即位移电流），那么关于磁场的环路定理可以改写为：

$$\oint_L \boldsymbol{H} \cdot d\boldsymbol{l} = \iint_S \left(J + \frac{\partial \boldsymbol{D}}{\partial t} \right) \cdot d\boldsymbol{S} \qquad (3-13)$$

我们把一般意义上的传导电流、运流电流和位移电流统称为全电流。

3.1.5 电磁场

按照位移电流的概念，任何随时间变化的电场，都会在其周围产生磁场，再根据法拉第电磁感应定律，变化的磁场又会在其周围产生电场。如果存在一个周期性变化的电场（比如接有交流电源的电容器内部），它将在其周围产生周期性变化的磁场，而这个磁场将接着产生周期性变化的电场，以此类推，形成了密不可分的电磁场。

3.1.6 麦克斯韦方程组

麦克斯韦方程组是英国物理学家麦克斯韦在 19 世纪建立的描述电场与磁场的四个基本方程。J.C.麦克斯韦是上世纪与牛顿并列的科学伟人，他系统地总结了库仑、安培、法拉第等学者的成就。他从场的观点出发提出时变电场、时变磁场相互关联，相互依存，在空间形成电磁波。

麦克斯韦的电磁场理论可由四个方程来阐明：第一方程称为全电流方程，说明动电生磁。指出电荷运动形成电流，可以产生磁场，变化的电场同样也能产生变化的磁场；第二方程称为法拉第电磁感应定理，说明动磁生电，指出变化的磁场能产生变化的电场；第三方程是电场的高斯定理，用以阐明电场受到电荷的制约；而第四方程是磁场的高斯定理，说明磁力线呈闭合的回线，用积分形式表示，这四个方程为

$$\oint_L \boldsymbol{H} \cdot d\boldsymbol{l} = \iint_S \left(J + \frac{\partial \boldsymbol{D}}{\partial t} \right) \cdot d\boldsymbol{S}$$

$$\oint_L \boldsymbol{E} \cdot d\boldsymbol{l} = -\iint_S \frac{\partial \boldsymbol{B}}{\partial t} \cdot d\boldsymbol{S}$$

$$\oiint_S \boldsymbol{D} \cdot \mathrm{d}\boldsymbol{S} = \sum_i Q_i$$

$$\oiint_S \boldsymbol{B} \cdot \mathrm{d}\boldsymbol{S} = 0 \tag{3-14}$$

麦克斯韦在给出这组方程组时，包含了一些假设性推导，有兴趣的读者可以查阅相关资料，但由麦克斯韦方程组推出来一系列结论与实验符合得很好，这就间接验证了麦氏方程组的正确性。

在有介质存在时，$\boldsymbol{E}$ 和 $\boldsymbol{B}$ 都和介质的特性有关，因此上述麦克斯韦方程组是不完备的，还需要补充描述介质特性的下述方程

$$\boldsymbol{D} = \varepsilon\boldsymbol{E}、\boldsymbol{B} = \mu\boldsymbol{H}、\boldsymbol{J} = \sigma\boldsymbol{E} \tag{3-15}$$

上述方程和麦克斯韦方程一起构成了整个电磁理论的基础，其中 ε、μ、σ 分别为介质的介电常数、磁导率和导体的电导率。当介质特性、电荷、电流等给定时，从麦克斯韦方程组出发，加上一些必要的条件（比如边界条件），就可以完全确定空间某区域的电磁场的解。

我们求解电磁场，就是要找到满足上述方程的电场和磁场在某空间内的分布情况。

3.1.7　平面电磁波

由麦克斯韦方程组出发可以证明：变化的电磁场在空间传播，形成电磁波。根据波的性质，我们知道，已经发出去的电磁波，即使当激发它的源消失了，它仍将继续存在并向前传播，因此，电磁波是可以脱离电荷和电流而独立存在的。

麦克斯韦方程组只有四个方程，由于所给的条件不同，满足它的电磁场（电磁波）的形态是极为复杂和多样的。在无限大范围的真空中传播的平面电磁波是所有电磁波里最简单的形态，下面我们着重讨论平面电磁波。

我们称没有电荷电流而只有电磁波存在情况下的电磁波为自由电磁波，并认为该电磁波处在无限大的真空区域内。则此时整个空间内有 $q=0$、$j=0$、$\varepsilon=\varepsilon_0$、$\mu=\mu_0$，则由麦克斯韦方程组出发可得空间内自由电磁波为横电磁波（即，电磁波中的电场矢量 $\boldsymbol{E}$ 和磁场矢量 $\boldsymbol{H}$ 互相垂直，并与传播方向垂直）。

我们把这种横电磁波叫 TEM（TransverseElectromagneticWave）波。

设 z 轴方向为电磁波传播方向，由于是自由平面电磁波，在与传播方向垂直横平面上的电场和磁场振幅都是相等的，所以只需坐标 z 就能确定空间电磁场的分布情况。

理论研究表明，平面电磁波的场分布为

$$E = E_{xm}\sin\omega\left(t - \frac{z}{v}\right) \tag{3-16}$$

$$H = H_{ym}\sin\omega\left(t - \frac{z}{v}\right) \tag{3-17}$$

因电场方向是沿 x 轴方向，所以 E_{xm} 表示电场的峰值。同理，磁场方向是沿 y 轴方向，所以 H_{ym} 表示磁场的峰值。

为了理解上面两式所描述的电磁波的特性，我们可以从两个角度来研究。首先，先令 z 取某一定值，即考察某一点（或者说考察垂直于传播方向 z 轴的一个平面），容易发现，该点的电场（或磁场）大小随时间做正弦变化。这类似于机械波在介质中传播时，考察介质

中的某一点，该质点在做简谐振动。另外一种情况是，令 t 取某一定值，即考察某一瞬间不同位置的电磁场分布特点。容易发现，不同位置的电场（或磁场）大小随 z 轴做正弦变化。这也类似于机械波中波的图像。

进一步考察 z_1 点和 z_2 点（$z_2 > z_1$）可以发现，某时刻 z_2 点处电场（或磁场）的大小，就等于在该时刻之前 $t = \dfrac{z_2 - z_1}{v}$ 时刻的 z_1 点的电场（或磁场）的大小，这说明 z_1 点的状态经过 $t = \dfrac{z_2 - z_1}{v}$ 时间后，传播到了 z_2 点。其中 v 表示波的传播速度，可以证明，在真空中电磁波的速度等于光速，即

$$v = c = \frac{1}{\sqrt{\varepsilon_0 \mu_0}} = 3 \times 10^8 \, \text{m/s} \tag{3-18}$$

因此上面两个关于电场和磁场的表达式，完全描述了平面电磁波的特性。

3.1.8 能流密度 波印廷矢量

前面我们提到过，有电场的地方就有电场能量，有磁场的地方就有磁场能量，那么电磁场当然也是有能量的，电磁波是电磁场的传播，所以伴随着电磁波的传播，就伴随着能量的传播。实验证明，在远离发射源的观测点，要在场源发射后一段时间内才能收到发射的电磁波，这说明两个问题：第一，电磁波的传播需要时间；第二，电磁波具有能量（否则测量仪器不可能测到）。

设在真空中有一平面电磁波，它沿 z 轴正方向传播，在其通过的方向上做一横截面积为 A 的长方体元 $\mathrm{d}\tau = A\,\mathrm{d}z = Av\,\mathrm{d}t$，如图 3-3 所示，则 $\mathrm{d}\tau$ 体元内的电磁能量为

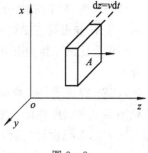

$$\mathrm{d}W = w\,\mathrm{d}\tau = (w_E + w_B)\mathrm{d}\tau$$

其中

$$w_E = \frac{1}{2}DE = \frac{1}{2}\varepsilon_0 E^2$$

$$w_B = \frac{1}{2}BH = \frac{1}{2}\mu_0 H^2$$

图 3-3

所以 $\mathrm{d}\tau$ 体积元内的电磁能量为

$$W = \left(\frac{1}{2}\varepsilon_0 E^2 + \frac{1}{2}\mu_0 H^2\right)\mathrm{d}\tau = \left(\frac{1}{2}\varepsilon_0 E^2 + \frac{1}{2}\mu_0 H^2\right)Av\,\mathrm{d}t$$

则单位时间内流过垂直于传播方向单位面积的能量 S 为

$$S = \frac{W}{A\,\mathrm{d}t} = \frac{v}{2}(\varepsilon_0 E^2 + \mu_0 H^2) \tag{3-19}$$

再将电磁波的传播速度 $v = c = \dfrac{1}{\sqrt{\varepsilon_0 \mu_0}}$ 代入上式，并注意到 $\sqrt{\varepsilon_0}\,E = \sqrt{\mu_0}\,H$，可得

$$S = \frac{1}{2\sqrt{\varepsilon_0 \mu_0}}(\varepsilon_0 E^2 + \mu_0 H^2) = \frac{1}{2}EH + \frac{1}{2}EH = EH$$

因为 $\boldsymbol{E} \perp \boldsymbol{H}$，并有 $\boldsymbol{E} \times \boldsymbol{H}$ 所决定的方向为电磁能量传播的方向，所以上式又可以表示为

$$\boldsymbol{S} = \boldsymbol{E} \times \boldsymbol{H} \tag{3-20}$$

在单位时间内流过垂直于传播方向单位面积的能量称为能流密度，$\boldsymbol{S}$ 称为能流密度矢量，

又称为波印廷矢量。

同时电场强度 E 和磁场强度 H 的大小也受到制约，其比值由空间媒质的电磁特性决定。应此可定义 E 与 H 的比值为空间的本质阻抗(波阻抗)

$$\eta = \frac{E}{H} = \sqrt{\frac{\mu}{\varepsilon}} \qquad (3-21)$$

在真空中，记为 η_0，

$$\eta_0 = \sqrt{\frac{\mu}{\varepsilon}} \approx 120\pi \approx 377(\Omega) \qquad (3-22)$$

3.2　学习使用高频仿真软件 HFSS

3.2.1　认识 HFSS

根据前面的分析，我们知道，求解空间的电磁场分布，根本上是由空间的电荷电流分布和特定的边界条件求解麦克斯韦方程组。但作为一组较复杂的微分方程，其求解过程非常复杂，特别在边界条件比较复杂的情况下，基本上不可能用解析的方法来求解麦克斯韦方程组。我们可以用数值计算的方法来求电磁场的近似解，随着计算机运算速度的提高，这种近似求解的方法逐步变得容易实现了。

常用的数值计算方法有矩量法、有限元法、时域有限差分法。

HFSS 是高频结构仿真器(High Frequency Structure Simulator)的缩写，是美国 Ansoft 公司推出的三维电磁仿真软件，是世界上第一个商业化的三维结构电磁场仿真软件，业界公认的三维电磁场设计和分析的电子设计工业标准，它是利用有限元的方法进行计算的。

HFSS 提供了一个简洁直观的用户设计界面、精确自适应的场解器、拥有功能强大的后处理器来分析电性能，能计算任意形状三维无源结构的 S 参数和全波电磁场，HFSS 还拥有强大的天线设计功能，它可以计算天线参量，如增益、方向性、远场方向图剖面、远场 3D 图和 3 dB 带宽；绘制极化特性，包括球形场分量、圆极化场分量等。该软件广泛应用于无线和有线通信、卫星、雷达、微波集成电路、航空航天等领域中射频和微波部件、天线、天线阵及天线罩等的仿真设计。

HFSS 的安装和其他软件类似。安装成功以后，在计算机桌面上将看到 HFSS 的图标。双击该图标，便可运行 HFSS，此时将看到如图 3-4 所示的初始窗口。

其中最上面一排是标题栏，紧接着下面的是菜单栏，菜单栏下三排都是常用工具栏，这些工具栏对应的命令都可以在相应的菜单栏内找到。

在工具栏的下面，处于左上部的是项目(Project)窗口。在 HFSS 中，我们所做的任务叫项目，一个项目可以包含有若干个设计(Design)。

在项目管理窗口下面，是属性(Properties)窗口，在这里可以修改模型的属性和参数。

在项目管理窗口和属性窗口的右边，是三维模型设计树窗口，它以树状的形式显示了你设计模型过程中所使用过的各种命令或设置，方便修改。

在三维模型设计窗口的右边，是三维模型绘图窗口，简称绘图窗口，也是 HFSS 的主

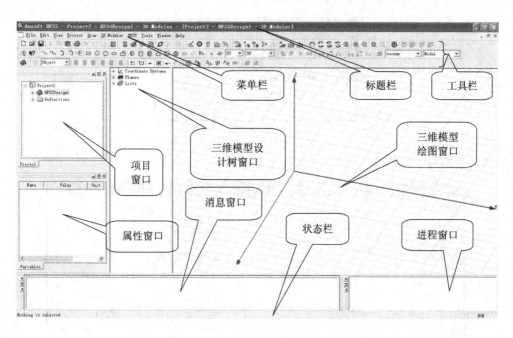

图 3 - 4　HFSS 初始窗口

窗口。

在左下方的窗口是消息管理窗口，在仿真之前可以查处错误和警告的信息。

在右下方是进程窗口，在仿真时显示计算的进程。

在屏幕最下面的一个长条框是状态栏，它显示主窗口的状态。比如，当你画模型时，它会显示当前光标的坐标值。

3.2.2　熟悉 HFSS 基本操作

（1）运行 HFSS 程序。

（2）建立圆柱体。点菜单 Draw - Cylinder，此时鼠标移到绘图窗口，就有一光标出现。如果此时点左键，则确定了圆柱体截面圆的圆心位置；再改变鼠标位置，则确定了截面圆的半径；再改变鼠标位置，则确定了圆柱体的高。

（3）分别按住 Shift 键和 Alt 键不放，用鼠标拖动绘图窗口中的图片，体验拖动图片的位置和视角的改变。

（4）由于坐标是三维的，直接在绘图窗口绘图不容易做到精确，所以可以通过在状态栏的坐标窗口输入坐标值来画出圆柱体。在画圆柱体之前，要先确定画图所使用的长度单位，点菜单 3DModeler - Units，则出现如图 3 - 5 所示的界面：

在下拉菜单里有各种长度单位，我们选毫米（mm）为单位。

接下来画圆柱体。点菜单 Draw - Cylinder，此时窗口右下方的状态栏将出现坐标窗口。

先分别在 X、Y、Z 内输入 0、0、0，表示柱体截面的圆心在(0，0，0)点，然后按回车，则出现 dX、dY、dZ，此时输入 5、0、0，表示柱体截面的半径为 5，按回车后又出现 dX、dY、dZ，此时输入 0、0、10，表示柱体的高为 10，再按回车，柱体画结束。这时出现如图 3 - 6 所示的对话框：

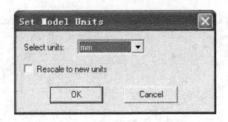

图 3 - 5

该对话框显示的是刚才画的圆柱体的一些属性。

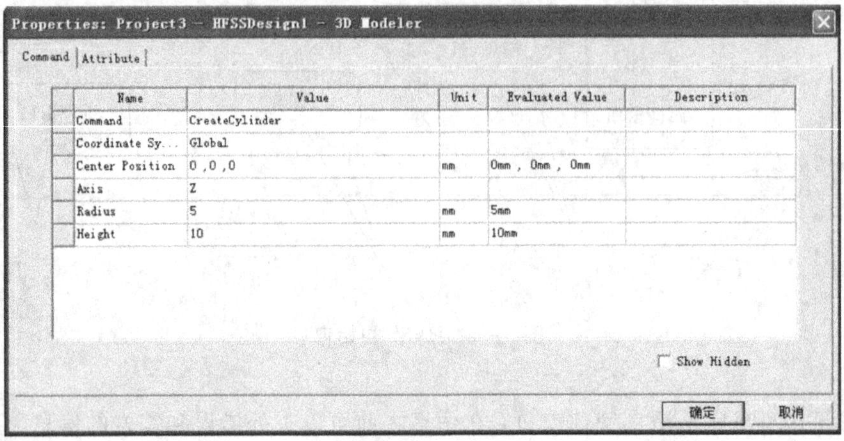

图 3 - 6

在该对话框的 Command 列，Command 说明了我们刚才进行的操作命令是创建圆柱体 (CreateCylinder)；CoordinateSystem 说明了坐标的种类；CenterPosition 说明了圆心的位置；Axis 说明了圆柱体的轴；Radius 说明了圆柱体的半径；Height 说明了圆柱体的高。

在该对话框的 Attribute 列，如图 3 - 7 所示，Name 表示这个圆柱体的名称，我们可以修改它；Material 表示该圆柱体的材料，现在显示的是 vacuum（真空），可以点该按钮修改材料；Color 按扭可以修改圆柱体的颜色；Transparent 可以修改圆柱体的透明度，这样如果圆柱体内部还有其他结构，就可以看到了。

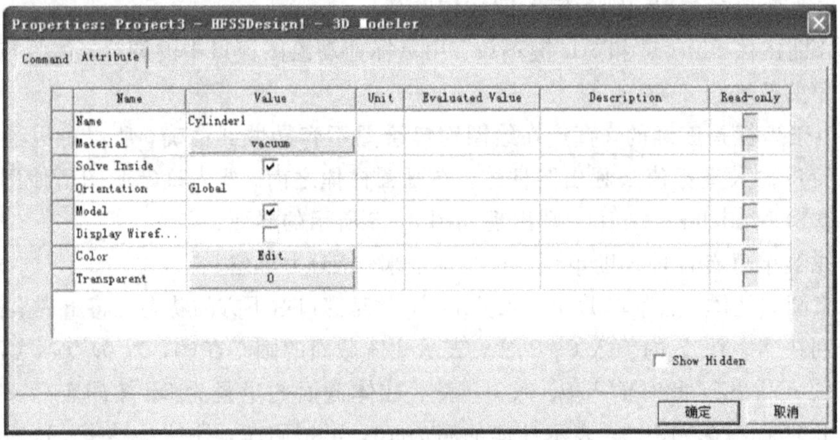

图 3 - 7

点确定后，可能会发现圆柱体尺寸在绘图窗口中的显示不太合适，此时可点菜单 View – FitAll – AllViews。

3.2.3　用 HFSS 观察平面电磁波

1. 打开 HFSS 并保存一个新项目

双击桌面上的 HFSS 图标，启动 HFSS，点击菜单栏 File 选项，单击 Save as，找到合适的目录，键入项目名 hfssTEM。

2. 加入一个新的 HFSS 设计

在 Project 菜单，点击 insert HFSS Design 选项(或直接点击 🐠 图标)。一个新的工程被加入到 HFSSTEM 项目中，默认名为 HFSSModeln。可在项目窗口中选中 HFSSModel1，单击鼠标右键，再点击 Rename 项，将设计重命名为 HFSSTEM。

3. 选择一种求解方式

在 HFSS 菜单上，点击 Solution Type 选项，如图 3 – 8 所示。

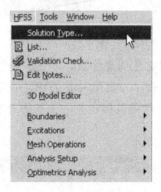

图 3 – 8

选择源激励方式，在 Solution Type 对话框中选中 Driven Mode 项，如图 3 – 9 所示。

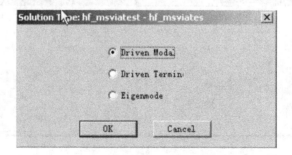

图 3 – 9

4. 设置设计使用的长度单位

在 3D Modeler 菜单上，点击 Units 选项，选择长度单位，在 Set Model Units 对话框中选中 mm 项。

5. 建立物理模型

画长方体。在 Draw 菜单中，点击 Box 选项（或直接点击 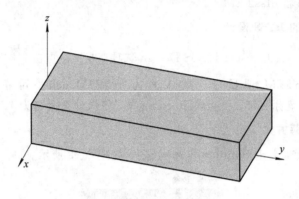 图标）；然后按下 Tab 键切换到参数设置区（在工作区的右下角），设置长方体的基坐标等。注意：在设置时不要在绘图区点击鼠标。在三维坐标中，空心空气盒的尺寸由基坐标（起始点的位置）和 X，Y，Z 三个方向的长度决定，设置长方体基坐标，X：−25，Y：0.0，Z：0.0，按下确认键；再输入 dX：50，dY：180，dZ：10.16，按下确认键即可，此时绘图区中显示如图 3−10 所示图形。

图 3−10

接着设置长方体属性。设置完几何尺寸后，HFSS 系统会自动弹出长方体属性对话框，如图 3−11 所示。对话框的 Command 页里有我们刚才设置的几何尺寸，并且其数值可以自由更改。因此我们也可以先随意用鼠标建立一个长方体模型，然后在其属性对话框输入尺寸要求即可。

图 3−11

单击 Attribute 页，如图 3−12，在 Attribute 页我们可以为长方体设置名称、材料、颜色、透明度等参数。这里，我们把这个长方体命名为 box，将其透明度设为 0.8。

设置完毕后，同时按下 Ctrl 和 D 键（Ctrl＋D），将视图调整一下，使得在工作区域内可以观察整个外形。

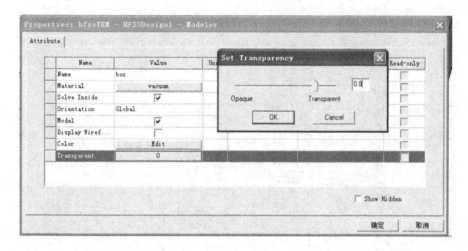

图 3 - 12

6. 设置边界条件和激励源

由于刚才创建的是矩形空心空气盒，所以需要对各个面进行设置。如图由主菜单选 Edit/Select/Face，改为选择面。如图 3 - 13 所示。

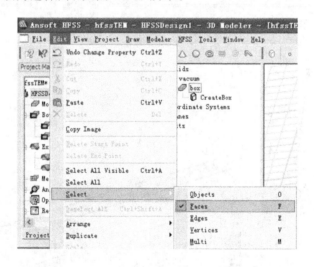

图 3 - 13

再选中长方体的顶面和底面，将其设为 Perfect E，如图 3 - 14 所示。

再选中长方体的两个侧面，将其设为 Perfect H，如图 3 - 15 所示。

指定电磁场的输入或输出端口的设置：将这一长方体看成一段传输线，传输微波信号应该有相应的输入和输出端，因此需要设置输入与输出端口。如图 3 - 16 所示，在长方体的末端，选取端口面，进入 Assign Excitation 选项，点击 Wave Port 选项。

此时 HFSS 系统会自动弹出 Wave Port：General 对话框，我们将名称设为 Wave Port1，其他接受系统默认值，点击"下一步"按钮，进入 Wave Port：Mode 页。点击积分线（Integration Line）下的 None 选项并下拉，选择 New Line，会出现 Create Line 消息框。按下 Tab 键切换到参数设置区（在工作区的右下角），输入起始点坐标（x＝0 mm，y＝0 mm，

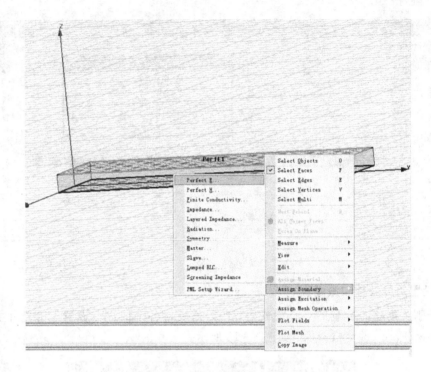

图 3 - 14

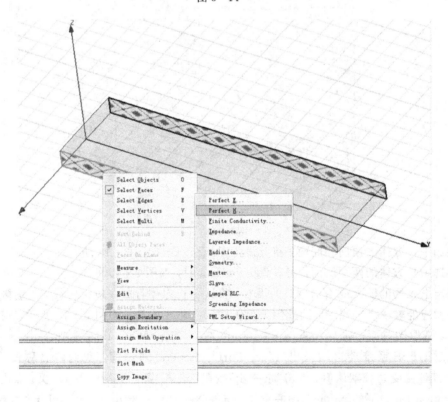

图 3 - 15

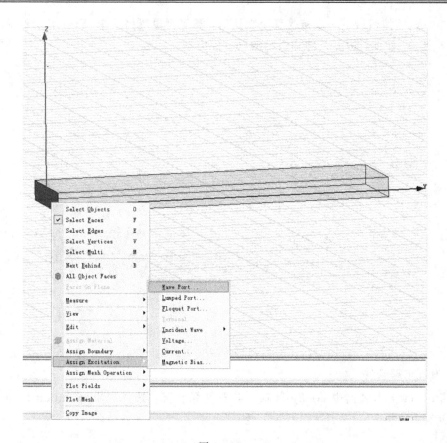

图 3 - 16

z＝0 mm)，按下 Enter 键后输入(dx＝0 mm, dy＝0 mm, dz＝10.16 mm)。注意：在设置时不要在绘图区中点击鼠标。

　积分线表示的意思是在端口所在面处的电场方向，积分线设置好后如图 3 - 17 所示。

图 3 - 17

点击"确认"按钮后下一步接受系统默认值，类似再设置另一个 Wave Port2，最后得如图 3-18 所示。至此，边界条件和激励源已分配完毕。

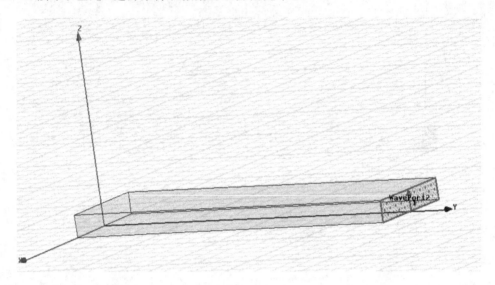

图 3-18

7. 设置求解条件

在 Project 工作区选中 Analysis 项，点击鼠标右键，选择 Add Solution Setup，如图 3-19 所示。

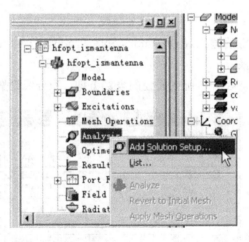

图 3-19

这时系统会弹出求解设置对话框，我们把参数设为：求解频率为 3 GHz，最大迭带次数 10，最大误差为 0.01，如图 3-20 所示。

将求解的条件设好后，最后我们来看看 HFSS 的前期工作是否完成。在 HFSS 菜单下，点击 Validation Check，如图 3-21 所示（或直接点击 ✍ 图标）。

再次选中 Project 工作区的 Analysis；点击鼠标右键，选中 Analyze 即可开始求解（或直接点击 ⚡ 图标），如图 3-22 所示。

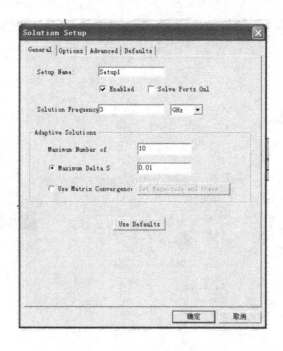

图 3 - 20

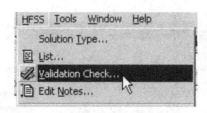

图 3 - 21

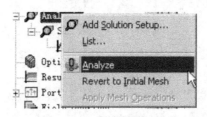

图 3 - 22

当求解过程结束后，在 Message Manager 窗口会有相应的提示。

8. 设置求解条件

显示场分布和时变图形：也可以根据数据观察电磁场的分布和时变图形。选中长方体，再选择 HFSS/Fields/Plot Field。如图 3 - 23 所示。

然后跳出了如图 3 - 24 的窗口：

点击 Done 后得到工作频率为 3 GHz 时，矢量电场分布如图 3 - 25 所示。

再选中长方体，选择 HFSS/Fields/Plot Fields。如图 3 - 26 所示。

添加工作频率为 3 GHz 时，矢量磁场分布如图 3 - 27 所示。

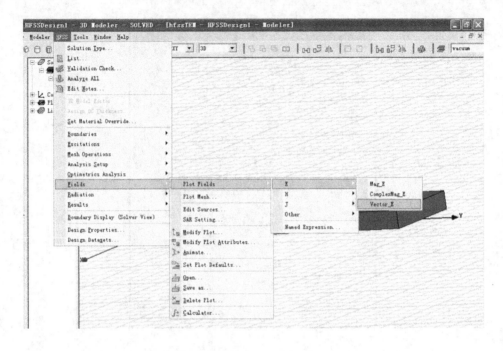

图 3-23

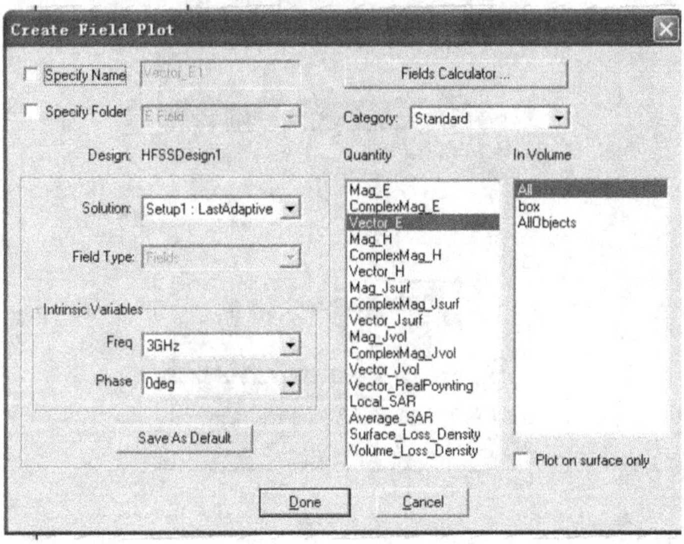

图 3-24

　　我们还可以创建一个三维场图的动画：可选择，HFSS/Field/Animate。典型地，按默认设置，如图 3-28 所示。

　　HFSS 显示的场图中的红色区域表示电场的强度比较大，蓝色区域表示电场的强度比较小。这样通过设置，就看到了电磁场传输的动画演示，如图 3-29、3-30 所示。

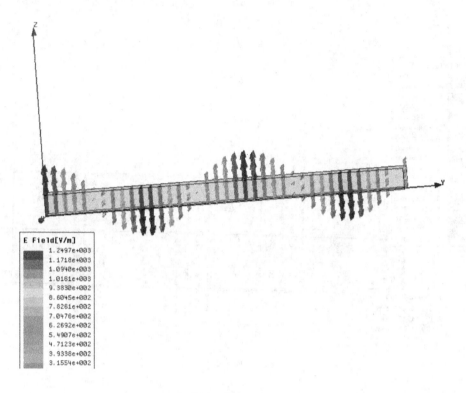

图 3 - 25

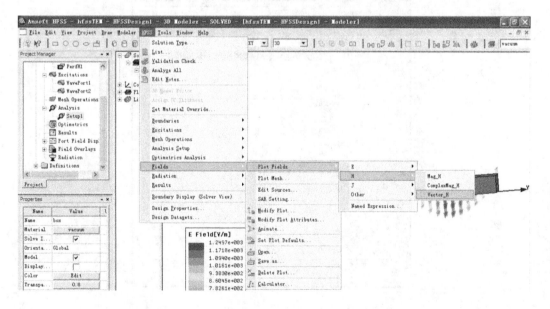

图 3 - 26

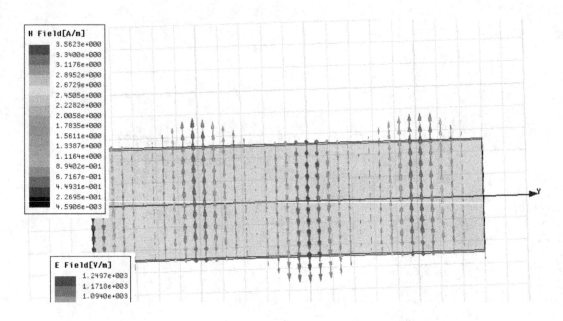

图 3 - 27

图 3 - 28

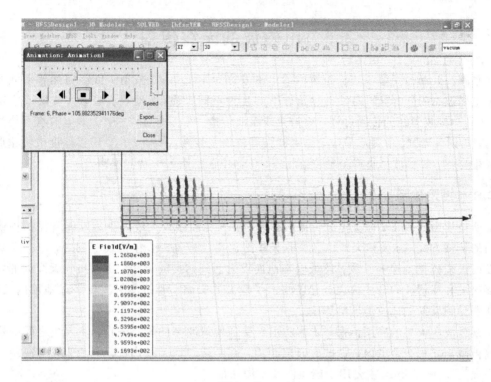

图 3 - 29

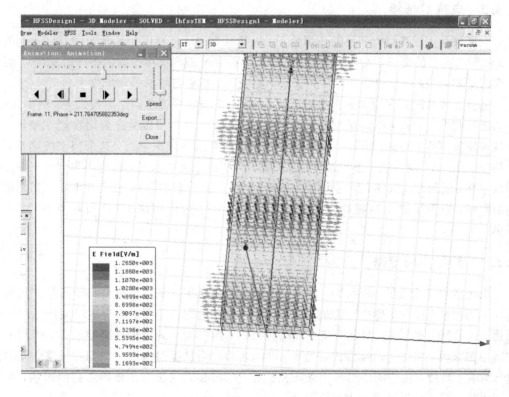

图 3 - 30

3.3　电磁波的无线传播

频率在几赫兹至数千吉赫范围内的电磁波称为无线电波。发射天线或自然辐射源所辐射的电磁波，在自由空间通过自然条件下的各种不同媒质（如地表、地球大气层或宇宙空间等）到达接收天线的传播过程，称为无线电波传播。在传播过程中，无线电波有可能受到反射、折射、绕射、散射和吸收，电磁波强度将发生衰减，传播方向、传播速度或极化形式将发生变化，传输波形将产生畸变。此外，传输中还将引入干扰和噪声。

3.3.1　视距传播

所谓视距传播，又称直接波传播，是指发射天线和接收天线处于相互能看见的视线距离内的传播方式。当发射天线以及接收天线架设得比较高时，在视线范围内，电磁波直接从发射天线传播到接收天线，还可以经地面反射而到达接收天线。所以接收天线处的场强是直接波和反射波的合成场强，直接波不受地面的影响，地面反射波要经过地面的反射，因此要受到反射点地质地形的影响。

视距波在大气的底层传播，传播的距离受到地球曲率的影响。收、发天线之间的最大距离被限制在视线范围内，要扩大通信距离，就必须增加天线高度。一般来说，视距传播的距离为 20～50 km，主要用于超短波及微波通信。

3.3.2　电离层传播

电离层是地球高空大气层的一部分，从离地面 60 km 的高度一直延伸到 1000 km 的高空。由于电离层的电子不是均匀分布的（其电子浓度 N 随高度与位置的不同而变化），因此电离层是非均匀媒质，电波在其中传播必然有反射、折射与散射等现象发生。

电离层传播时频率的选择很重要，频率太高，电波将穿透电离层射向太空；频率太低，电离层吸收太大，以至不能保证必要的信噪比。因此，电离层传播主要用在短波频段，超短波和微波不能在电离层传播。通信频率必须选择在最佳频率附近，这个频率的确定，不仅与年、月、日、时有关，还与通信距离有关。同样的电离层状况，通信距离近的，最高可用频率低，通信距离远的，最高可用频率高。显然，为了通信可靠，必须在不同时刻使用不同的频率。但为了避免换频的次数太多，通常一日之内使用两个（日频和夜频）或三个频率。

3.3.3　外层空间传播

电磁波由地面发出（或返回），经低空大气层和电离层而到达外层空间的传播方式称为外层空间传播，如卫星传播，宇宙探测等均属于这种远距离传播。由于电磁波传播的距离很远，且主要是在大气以外的宇宙空间内进行的，而宇宙空间近似于真空状态，因而电波在其中传播时，它的传输特性比较稳定。我们可以把电波穿过电离层而到达外层空间的传播，基本上当做自由空间中的传播来研究。至于电波在大气层中传播所受到的影响，可以在考虑这一简单情况的基础上加以修正。

3.3.4 地面波传播

地面波又称表面波。地面波传播是指电磁波沿着地球表面传播的情况。当天线低架于地面，天线架设长度比波长小得多且最大辐射方向沿地面时，电波是紧靠着地面传播的，地面的性质、地貌、地物等情况都会影响电波的传播。在长、中波波段和短波的低频段（10^3 Hz～10^6 Hz）均可用这种传播方式。

地面波沿地球表面附近的空间传播，地面上有高低不平的山坡和房屋等障碍物，根据波的衍射特性，当波长大于或相当于障碍物的尺寸时，波才能明显地绕到障碍物的后面。地面上的障碍物一般不太大，长波可以很好地绕过它们，中波和中短波也能较好地绕过；短波和微波由于波长过短，绕过障碍物的本领就很差了。由于障碍物的高度比波长大，因而短波和微波在地面上不能绕射，而是沿直线传播。

在电磁波的传播过程中，经常会遇到各种媒质，下面讨论电磁波遇到不同媒质时的情况。

3.3.5 电磁场边界条件

前面讨论了在均匀介质（如真空或空气）内的电磁场性质和电磁波的传播规律。在实际问题中，还经常遇到整个电磁场内填充几种不同媒质的情况。这样，在两媒质交界处媒质特性发生变化，必将使通过媒质交界面处的电磁场的大小和方向发生变化，因此前面从均匀介质导出的某些结论已不适用于上述情况。为此必须用新的概念和关系式来表征交界面处的电磁场规律。常将这些关系式称为在不同媒质交界面处电磁场的边界条件，简称边界条件。它对研究和计算媒质交界面处的电磁场过渡关系是重要的理论依据。

（1）电磁场沿介质交界面法线方向的分布特点

为研究方便，我们将介质分界处的电场和磁场分为平行于界面的方向 E_t、H_t 和垂直于界面的方向（即分界面的法向分量）E_n、H_n。为简单起见，我们只讨论介质没有自由电荷和自由电流的情况，也就是只考虑介质分界面的极化电荷和磁化电流。

构造一个处于介质分界面处的一个扁平圆柱体，如图 3-31 所示，则该柱体构成一个高斯面，当此圆柱的高足够低时，对此高斯面利用麦克斯韦方程组中的下式

$$\oiint_S \boldsymbol{D} \cdot \mathrm{d}\boldsymbol{S} = q$$

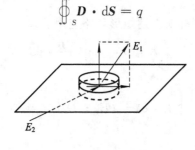

图 3-31

可得

$$\oiint_S \boldsymbol{D} \cdot \mathrm{d}\boldsymbol{S} = (D_1 - D_2)\Delta S = 0$$

由此可得

$$D_{1n} = D_{2n} \quad 或者 \quad \varepsilon_1 E_{1n} = \varepsilon_2 E_{2n} \tag{3-23}$$

所以,在不同介质交界面处的电位移矢量的法向分量是连续的,而电场强度的法向方向的分量是跃变的。

对于磁场的法向分量,同样对上述圆柱面应用下式

$$\oiint_S \boldsymbol{B} \cdot \mathrm{d}\boldsymbol{S} = 0$$

可得

$$B_{1n} = B_{2n} \quad 或者 \quad \mu_1 H_{1n} = \mu_2 H_{2n} \tag{3-24}$$

所以,在不同介质交界面处的磁感应强度的法向分量是连续的,而磁场强度的法向方向的分量是跃变的。

(2) 电磁场沿介质交界面切线方向的分布特点

面电荷的分布使界面两侧的电场法向分量发生跃变。下面我们证明面电流分布使界面两侧磁场切分量发生跃变。

构建如图 3-32 所示的矩形路径,假设矩形的宽度足够小,则在此环路上应用麦克斯韦方程组中的下式

$$\oint_L \boldsymbol{H} \cdot \mathrm{d}\boldsymbol{l} = -\iint_S \left(\boldsymbol{J} + \frac{\partial \boldsymbol{D}}{\partial t} \right) \cdot \mathrm{d}\boldsymbol{S}$$

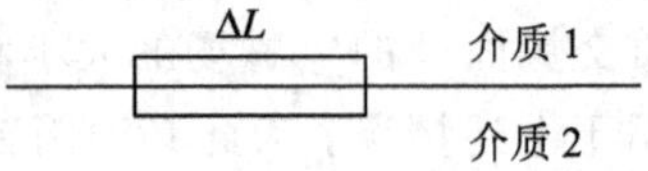

图 3-32

如果分界面处没有自由电流,并且由于回路所围面积趋于零,所以上式可化为

$$\oint_L \boldsymbol{H} \cdot \mathrm{d}\boldsymbol{l} = (H_{1t} - H_{2t})\Delta l = 0$$

可得

$$H_{1t} = H_{2t} \quad 或者 \quad \frac{B_{1t}}{\mu_1} = \frac{B_{2t}}{\mu_2} \tag{3-25}$$

所以,在不同介质交界面处的磁场强度的切向分量是连续的,而磁感应强度的切向方向的分量是跃变的。

对于电场的切向分量,同样对上述矩形环路应用下式

$$\oint_L \boldsymbol{E} \cdot \mathrm{d}\boldsymbol{l} = -\iint_S \frac{\partial \boldsymbol{B}}{\partial t} \cdot \mathrm{d}\boldsymbol{S}$$

可得

$$\oint_L \boldsymbol{E} \cdot \mathrm{d}\boldsymbol{l} = (E_1 - E_2)\Delta l = 0 \tag{3-26}$$

可得

$$E_{1t} = E_{2t} \quad 或者 \quad \frac{D_{1t}}{\varepsilon_1} = \frac{D_{2t}}{\varepsilon_2} \tag{3-27}$$

所以,在不同介质交界面处的电场强度的切向分量是连续的,而电位移矢量的切向方向的分量是跃变的。

[练习] 试根据上述结论,讨论真空和理想导体交界面处电场和磁场的特点。试将分

界面处电磁场的特点填入下表：

	E_t	E_n	D_t	D_n	H_t	H_n	B_t	B_n
真空中 （填"0"或"≠0"）								
导体中 （填"0"或"≠0"）								
两者关系 （填"相等"或"不等"）								

3.3.6　电磁波对理想导体的正入射

如图 3-33 所示，假定电磁波是由真空射向导体，然后被反射回来，即入射波沿 $+z$ 方向传播。当电场在 x 方向时，入射波可用下式表示

$$E_x^+ = E_m^+ \mathrm{e}^{\mathrm{j}(\omega t - \beta z)} \qquad\qquad (3-28)$$

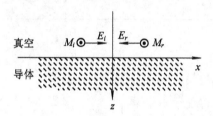

图 3-33

由于电磁波不能穿入完纯导体，因此当它到达分界面时将被反射回来。反射波可用下式表示

$$E_x^- = E_m^- \mathrm{e}^{\mathrm{j}(\omega t + \beta z)} \qquad\qquad (3-29)$$

在分界面上方的合成电场是

$$E_x = E_x^+ + E_x^- = E_m^+ \mathrm{e}^{\mathrm{j}(\omega t - \beta z)} + E_m^- \mathrm{e}^{\mathrm{j}(\omega t + \beta z)} \qquad\qquad (3-30)$$

由于在导体表面（$z=0$），电场应为零，因此

$$E_m^- = - E_m^+$$

于是

$$\begin{aligned} E_x &= E_m^+ (\mathrm{e}^{-\mathrm{j}\beta z} - \mathrm{e}^{\mathrm{j}\beta z}) \, \mathrm{e}^{\mathrm{j}\omega t} \\ &= - 2\mathrm{j} E_m^+ \sin\beta z \, \mathrm{e}^{\mathrm{j}\omega t} \end{aligned} \qquad\qquad (3-31)$$

可见，在分界面上方的合成电场是一个驻波，在 $\beta z = -n\pi$ 和 $z = -n\lambda/2$ 各点电场为零（$n=0,1,2,\cdots$）；在 $\beta z = -(2n+1)\pi/2$ 或 $z = -(2n+1)\lambda/4$ 各点电场最大。

磁场在 y 方向。由式（3-21），入射波磁场为

$$H_y^+ = \frac{E_x^+}{\eta} = \frac{E_m^+}{\eta} \mathrm{e}^{\mathrm{j}(\omega t - \beta z)} \qquad\qquad (3-32)$$

反射波磁场为

$$H_y^- = \frac{E_x^-}{\eta} = \frac{E_m^-}{\eta} e^{j(\omega t + \beta z)} \qquad (3-33)$$

可见，在分界面上方的合成磁场也是一个驻波，但它与电场的驻波错开 1/4 个波长：电场的零点，磁场为最大点；电场的最大点，磁场为零点。

我们看到，由入射波和反射波相加后得到的合成电场和合成磁场在空间仍互相垂直，振幅仍差 η 倍，但形成了驻波，驻波相位差 $90°$。

在分界面上电场为零，但磁场有最大值。为了满足边界条件，在导体表面应有 x 方向的表面电流密度。

3.3.7　电磁波对介质的正入射

设电磁波从 1 区射到 2 区，1 区的介电常数和磁导率为 ε_1 和 μ_1，2 区的介电常数和磁导率为 ε_2 和 μ_2，如图 3-34 所示。

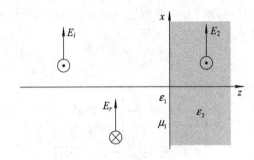

图 3-34

当到达分界面后一部分被反射回 1 区，一部分传输到 2 区。反射波的电场为

$$E_{x1}^- = E_{m1}^- e^{\gamma_1 z} \qquad (3-34)$$

$$H_{y1}^- = -\frac{E_{x1}^-}{\eta_1} = -\frac{E_{m1}^-}{\eta_1} e^{-\gamma_1 z} \qquad (3-35)$$

传输波的场量为

$$E_{x2}^- = E_{m2}^- e^{\gamma_2 z} \qquad (3-36)$$

$$H_{y2}^- = -\frac{E_{x2}^-}{\eta_2} = -\frac{E_{m2}^-}{\eta_2} e^{-\gamma_2 z} \qquad (3-37)$$

1 区合成的场量为

$$E_{x1} = E_{x1}^+ + E_{x1}^- = E_{m1}^+ e^{-\gamma_1 z} + E_{m1}^- e^{\gamma_1 z} \qquad (3-38)$$

$$H_{y1} = H_{y1}^+ + H_{y1}^- = \frac{E_{m1}^+}{\eta_1} e^{-\gamma_1 z} - \frac{E_{m1}^-}{\eta_1} e^{\gamma_1 z} \qquad (3-39)$$

在分界面上，$z=0$，电场切向分量连续的条件要求

$$E_{m1}^+ + E_{m1}^- = E_{m2}^+ \qquad (3-40)$$

磁场切向分量连续的条件要求

$$\frac{E_{m1}^+}{\eta_1} - \frac{E_{m1}^-}{\eta_1} = \frac{E_{m2}^+}{\eta_2} \qquad (3-41)$$

如果已知入射波的电场 E_{m1}^+，由(3-40)、(3-41)二式联立就可解得反射波电场为

$$E_{m1}^- = E_{m1}^+ \frac{\eta_2 - \eta_1}{\eta_2 + \eta_1} \qquad (3-42)$$

由此解得反射系数

$$R = \frac{E_{m1}^-}{E_{m1}^+} = \frac{\eta_2 - \eta_1}{\eta_2 + \eta_1} \qquad (3-43)$$

传输电场为

$$E_{m2}^+ = E_{m1}^+ \frac{2\eta_2}{\eta_2 + \eta_1} \qquad (3-44)$$

相应的传输系数为

$$T = \frac{E_{m2}^+}{E_{m1}^+} = \frac{2\eta_2}{\eta_2 + \eta_1} \qquad (3-45)$$

当 2 区为完纯导体时，$\eta_2 = 0$，$E_{m2}^+ = 0$，没有传输波；又 $E_{m1}^- = -E_{m1}^+$，与前述结果一致。另一方面，当 2 区与 1 区具有相同媒质参量时，即 $\eta_1 = \eta_2$，反射波的电场 $E_{m1}^- = 0$，$E_{m2}^+ = E_{m1}^+$，表示没有反射波，2 区的传输波就是 1 区入射波的继续。这也是合乎逻辑的，因为 2 区与 1 区具有相同媒质参量时，实际上不存在分界面。

将(3-44)式两边除以 E_{m1}^+，可得在分界面上反射系数与传输系数之间的关系式

$$1 - R = T \qquad (3-46)$$

3.3.8 导体的趋肤效应

在高频工作下，电磁波在导体内受到极大的衰减，电流只能集中在导体的表层流动，这种现象谓之趋肤效应。频率越高，趋肤效应越显著。当频率很高的电流通过导线时，可以认为电流只在导线表面上很薄的一层中流过，改善导电性能，关键是解决导体表面的传导特性。既然导线的中心部分几乎没有电流通过，就可以把这中心部分除去以节约材料。考虑到导体中心区的电流密度为零，在较高频率下工作，可采用空心铜管，甚至在塑料上蒸渡良好导电的金属薄层。这类措施既减轻了重量，又节省了有色金属材料。

为了定量估价在导电媒质中传播的衰减现象，通常用趋肤深度 δ 来表示电磁波对导体的穿透能力，它定义为场强幅度衰减到原值的 0.368 倍时所深入导体的距离。常用导电材料的趋肤深度可简化为

$$\delta(\mu\text{m}) = \frac{503300}{\sqrt{f(\text{MHz})\sigma/(\text{S/m})}} \qquad (3-47)$$

3.4 电磁波的有线传播

3.4.1 传输线

传输线是传输电磁能的一种装置。最常见的低频传输线是输送 50 Hz 交流电的电力传输线，它把电能从发电厂输送给用户。下列几幅图给出了几种实用的电磁信号传输线。

电磁波的有线传输即是将电磁信号从发射端通过一根有线传输线送到接收端去。因此涉及到的问题有：传输线的正确选取，传输系统的工作状况分析，传输系统的匹配技术，

传输系统的检测技术等。

图 3-35 所示为双线传输线结构示意图。它由两根平行导线构成,其间的绝缘介质起固定作用。平行线制作简单,成本低。由于双线完全暴露于空间,因此其电磁场分布在导线周围。当频率升高时,很易向空间辐射。此外导体的趋肤效应导致导线的实际使用截面积下降,线阻升高,热损耗加大。所以平行双线一般适用于 300 MHz 以下的信号传输。

图 3-36 所示为波导传输线的示意图。它由导电性能良好的金属制成。从外观看它就是一根金属空管(很像用水管输送水一样),常用的有矩形和圆形两种。一根金属导体管看起来相当于一根导线,按电路的概念很难理解它能传输电信号。但根据前面所学的电磁场理论来看,只要传送的电磁波符合麦克斯韦方程组,并满足波导壁所限定的边界条件,电磁能就可以通过特定的波导进行传输。波导的这种特殊结构既避免了同轴线导体的损耗,又避免了平行线的辐射损耗,因此波导被广泛用于大功率微波信号的传送。波导传输线的缺点是体积大,重量重,加工困难,因此不易于小型化和集成化。波导内传输的电磁场结构与双线、同轴线不同,沿传播方向(纵向)具有电场或磁场分量。

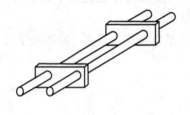

图 3-35

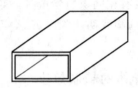

图 3-36

我国通用的矩形波导有两种型号:BB 型和 BJ 型。BB 型波导又称窄扁型波导,窄边 b 约为宽边 a 的 0.1～0.2 倍。BJ 型波导称为标准型波导,b 与 a 的关系为 $b=0.4～0.5a$。

图 3-37 所示为同轴线结构示意图。同轴线俗称电缆,其两根导线做成同轴结构,它有软、硬之分,内导体位于轴心,外导体呈圆柱形(软同轴线外导体常由铜线编织成网状)。这样可将电磁场全部限制在内外导体之间,避免了平行双线的辐射损耗,提高了工作效率。相比较而言,同轴线具有连接方便、体积小等长处。在使用频率较低、功率容量不大或传输线长度较短的情况下,采用聚乙烯等介质作填料的软同轴线。硬同轴线以空气为媒质,也有的用氮等气体,以提高功率容量与降低损耗。

图 3-38 所示为微带传输线结构示意图。在高频介质(如高频陶瓷)基片上,一面全部敷上导电板,而另一面敷上带状导电条。前者称为基体导带底,使用时该导电板通常接地,所以又称接地板。这是微带线的基本结构。电磁能是在介质基片内传送的,其电磁场结构接近横电磁波,所以称为准 TEM 波。由于微带线具有体积小、重量轻、易于集成化的优点,被广泛用于微波电路中。

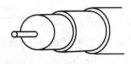

图 3-37

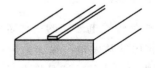

图 3-38

　　传输线可分为长线和短线，长线和短线是相对于波长而言的。所谓长线是指传输线的几何长度和线上传输电磁波的波长的比值（即电长度）大于或接近于 1。反之称为短线。在微波技术中，波长以 m 或 cm 计，故 1 m 长度的传输线已长于波长，应视为长线；在电力工程中，即使长度为 1000 m 的传输线，对于频率为 50 Hz（即波长为 6000 km）的交流电来说，仍远小于波长，应视为短线。传输线这个名称均指长线传输线。长线和短线的区别还在于：前者为分布参数电路，而后者是集中参数电路。在低频电路中常常忽略元件连接线的分布参数效应，认为电场能量全部集中在电容器中，而磁场能量全部集中在电感器中，电阻元件是消耗电磁能量的。由这些集中参数元件组成的电路称为集中参数电路。随着频率的提高，电路元件的辐射损耗、导体损耗和介质损耗增加，电路元件的参数也随之变化。当频率提高到其波长和电路的几何尺寸可相比拟时，电场能量和磁场能量的分布空间很难分开，而且连接元件的导线的分布参数已不可忽略，这种电路称为分布参数电路。

　　频率提高后，导线中所流过的高频电流会产生趋肤效应，使导线的有效面积减小，高频电阻加大，而且沿线各处都存在损耗，这就是分布电阻效应；通高频电流的导线周围存在高频磁场，这就是分布电感效应；又由于两线间有电压，故两线间存在高频电场，这就是分布电容效应；由于两线间的介质并非理想介质而存在漏电流，这相当于双线间并联一个电导，这就是分布电导效应。当频率提高到微波频段时，这些分布参数不可忽略。例如，设双线的分布电感 $L_1 = 1.0$ nH/mm，分布电容 $C_1 = 0.01$ pF/mm。当 $f = 50$ Hz 时，引入的串联电抗和并联电纳分别为 $X_l = 314 \times 10^{-3}$ $\mu\Omega$/mm 和 $B_c = 3.14 \times 10^{-12}$ S/mm。当 $f = 5000$ MHz 时，引入的串联电抗和并联电纳分别为 $X_l = 31.4$ Ω/mm 和 $B_c = 3.14 \times 10^{-4}$ S/mm。

　　均匀传输线是指传输线的几何尺寸、相对位置、导体材料以及周围媒质特性沿电磁波传输方向不改变的传输线，即沿线的参数是均匀分布的。一般情况下均匀传输线单位长度上有四个分布参数：分布电阻 R_1、分布电导 G_1、分布电感 L_1 和分布电容 C_1。它们的数值均与传输线的种类、形状、尺寸及导体材料和周围媒质特性有关。

　　有了分布参数的概念，我们可以将均匀传输线分割成许多微分段 $dz(dz \ll \lambda)$，这样每个微分段可看做集中参数电路，其集中参数分别为 $R_1 dz$、$G_1 dz$、$L_1 dz$ 及 $C_1 dz$，其等效电路为一个 Γ 型网络。整个传输线的等效电路是无限多的 Γ 型网络的级联，如图 3 - 39 所示。

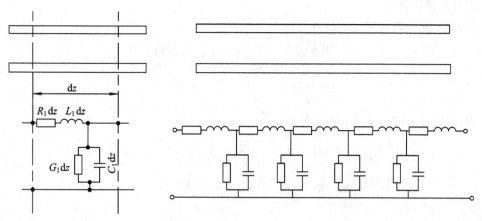

图 3 - 39

均匀传输线的始端接角频率为 ω 的正弦信号源，终端接负载阻抗 Z_L。坐标的原点选在始端。设距始端 z 处的复数电压和复数电流分别为 $U(z)$ 和 $I(z)$，经过 dz 段后电压和电流分别为 $U(z)+dU(z)$ 和 $I(z)+dI(z)$，如图 3-40 所示。

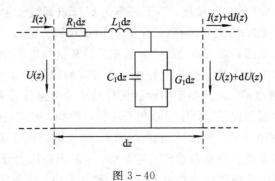

图 3-40

$$U(z)+dU(z) \text{和} I(z)+dI(z) \tag{3-48}$$

上式中电压的增量 $dU(z)$ 是由于分布电感 L_1dz 和分布电阻 R_1 的分压产生的，而电流的增量 $dI(z)$ 是由于分布电容 C_1dz 和分布电导 G_1 的分流产生的。根据基尔霍夫定律很容易写出下列方程

$$\begin{aligned} -dU(z) &= (R_1+j\omega L_1)I(z)dz \\ -dI(z) &= (G_1+j\omega C_1)[U(z)+dU(z)]dz \end{aligned} \tag{3-49}$$

略去高阶小量，即得

$$\begin{aligned} \frac{dU(z)}{dz} &= -[R_1 I(z)+j\omega L_1 I(z)] \\ \frac{dI(z)}{dz} &= -[G_1 U(z)+j\omega C_1 U(z)] \end{aligned} \tag{3-50}$$

式(3-50)是一阶常微分方程，亦称传输线方程。它是描写无耗传输线上每个微分段上的电压和电流的变化规律，由此方程可以解出线上任一点的电压和电流以及它们之间的关系。因此式(3-50)即为均匀传输线的基本方程。

求解上面的方程：

将式(3-50)两边对 z 微分得到

$$\begin{cases} \dfrac{d^2U(z)}{dz^2} = -(R_1+j\omega L_1)\dfrac{dI(z)}{dz} \\ \dfrac{d^2I(z)}{dz^2} = -(G_1+j\omega C_1)\dfrac{dU(z)}{dz} \end{cases} \tag{3-51}$$

将式(3-50)代入上式，并改写为

$$\begin{aligned} \frac{d^2U(z)}{dz^2} &= (R_1+j\omega L_1)(G_1+j\omega C_1)U(z) = \gamma^2 U(z) \\ \frac{d^2I(z)}{dz^2} &= (R_1+j\omega L_1)(G_1+j\omega C_1)I(z) = \gamma^2 I(z) \end{aligned} \tag{3-52}$$

其中：

$$\gamma = \sqrt{(R_1+j\omega L_1)(G_1+j\omega C_1)} = \alpha + j\beta$$

式(3-52)称为传输线的波动方程。它是二阶齐次线性常系数微分方程,其通解为

$$U(z) = A_1 e^{-\gamma z} + A_2 e^{\gamma z}$$
$$I(z) = A_3 e^{-\gamma z} + A_4 e^{\gamma z} \tag{3-53}$$

将式(3-53)第一式代入式(3-49)第一式,便得

$$I(z) = \frac{\gamma}{R_1 + j\omega L_1}(A_1 e^{-\gamma z} - A_2 e^{\gamma z}) = \frac{1}{Z_0}(A_1 e^{-\gamma z} - A_2 e^{\gamma z}) \tag{3-54}$$

式中

$$Z_0 = \frac{R_1 + j\omega L_1}{\gamma} = \sqrt{\frac{R_1 + j\omega L_1}{G_1 + j\omega C_1}} \tag{3-55}$$

具有阻抗的单位,称它为传输线的特性阻抗。

通常称 γ 为传输线上波的传播常数,它是一个无量纲的复数,而 Z_0 具有电阻的量纲,称为传输线的波阻抗或特性阻抗。

高频时,即 $\omega L_1 \gg R_1$,$\omega C_1 \gg G_1$,则

$$Z_0 = \sqrt{\frac{L_1}{C_1}} \tag{3-56}$$

可近视认为特性阻抗为一纯电阻,仅与传输线的形式、尺寸和介质的参数有关,而与频率无关。

式(3-62)中 A_1 和 A_2 为常数,其值决定于传输线的始端和终端边界条件。

现在讨论已知均匀传输线终端电压 U_2 和终端电流 I_2 的情况,如图 3-41 所示,这是最常用的情况。

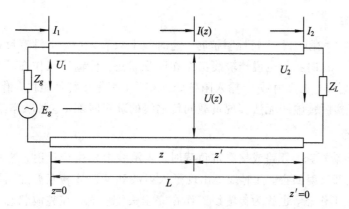

图 3-41

将 $z=l$,$U(l)=U_2$,$I(l)=I_2$ 代入式(3-53)第一式和(3-54)得

$$U_2 = A_1 e^{-\gamma l} + A_2 e^{\gamma l}$$
$$Z_0 I_2 = A_1 e^{-\gamma l} - A_2 e^{\gamma l} \tag{3-57}$$

进一步解得

$$A_1 = \frac{1}{2}(U_2 + Z_0 I_2) e^{\gamma l}$$
$$A_2 = \frac{1}{2}(U_2 - Z_0 I_2) e^{\gamma l} \tag{3-58}$$

将上式代入式(3-53)第一式和式(3-54),注意到 $l-z=z'$,并整理求得

$$U(z') = \frac{U_2 + Z_0 I_2}{2} \mathrm{e}^{\gamma z'} + \frac{U_2 - Z_0 I_2}{2} \mathrm{e}^{-\gamma z'} = U_i(z') + U_r(z')$$

$$I(z') = \frac{U_2 + Z_0 I_2}{2Z_0} \mathrm{e}^{\gamma z'} - \frac{U_2 - Z_0 I_2}{2Z_0} \mathrm{e}^{-\gamma z'} = I_i(z') + I_r(z') \tag{3-59}$$

考虑到 $\dfrac{U_2}{I_2} = Z_L$，式(3-59)变为

$$U(z') = \frac{Z_L + Z_0}{2 I_2} \mathrm{e}^{\gamma z'} + \frac{Z_L - Z_0}{2 I_2} \mathrm{e}^{-\gamma z'} = U_i(z') + U_r(z')$$

$$I(z') = \frac{Z_L + Z_0}{2 Z_0 I_2} \mathrm{e}^{\gamma z'} - \frac{Z_L - Z_0}{2 Z_0 I_2} \mathrm{e}^{-\gamma z'} = I_i(z') + I_r(z') \tag{3-60}$$

上式可以看出传输线上任意处的电压和电流都可以看成是由两个分量组成，即：入射波分量 $U_i(z')$、$I_i(z')$，反射波分量 $U_r(z')$、$I_r(z')$。

利用三角函数恒等变形，还可以将电压电流写为更简明的形式

$$U(z) = U_2 \cos\beta z + \mathrm{j} I_2 Z_0 \sin\beta z$$

$$I(z) = I_2 \cos\beta z + \mathrm{j} \frac{U_2}{Z_0} \sin\beta z$$

得到电压电流后，便可求出相应的电场和磁场了。

3.4.2 传输线的工作状态

对于均匀无耗传输线，一般将其工作状态分为三种：行波状态、驻波状态、行驻波状态。

1. 行波状态

当传输线的负载阻抗等于特性阻抗时，这时线上只有入射波，没有反射波，入射功率全部被负载吸收。这时我们也说传输线工作在匹配状态。传输线工作在匹配状态时，线上载行波(只有入射波，无反射波)，输入阻抗处处相等，都等于特性阻抗，沿线电压、电流的幅值不变。由于实际传输线无法实现负载同传输线的理想匹配，这种状态是不存在的。

2. 驻波状态

当传输线终端短路、开路或接电抗负载时，表示线上发生全反射，这时负载并不消耗能量，而把它全部反射回去。此时线上出现了入射波和反射波相互叠加而形成的驻波，这种状态称为驻波工作态，也称为传输线工作在完全失配状态。在驻波状态下，传输线上的电压、电流的幅值是位置 z 的函数，且电压波腹处是电流波节点(此处电压达最大值，而电流值等于零)，电压为零处是电流波腹点，电压节点与电压腹点相距 $\lambda/4$。

3. 行驻波状态

当负载为复阻抗时，反射波与入射波波幅不相等，于是传输线呈现部分反射的状态，工作波型呈现行驻波分布态。这种分布与驻波不同之处是电压(或电流)波节处的值不为零，但电压、电流的幅度仍是位置 z 的函数，电压最大点就是电流最小点，反之亦然。最大点与最小点之间间距，两最大点或两最小点之间的距离为 $\lambda/2$，因此，只要知道接不同负载阻抗时，第一个电压最大点或电压最小点的位置以及最大、最小点的幅值，即可画出沿线电压、电流的分布。线上的传输功率没有被负载全部吸收。

3.4.3　传输线的参数

1. 传输线的特性阻抗

可以证明，当传输线上载行波时，其沿线电压与电流的比值是一个常数，该常数被定义为传输线的特性阻抗，记做 Z_0。在无耗情况下，传输线的特性阻抗为纯电阻，仅决定于传输线的分布参数 L_0 和 C_0，与频率无关。

2. 传输线的输入阻抗

阻抗是传输线理论中一个很重要的概念，它可以很方便地分析传输线的工作状态。传输线上某点向负载方向"看"的输入阻抗定义为该点总电压与总电流之比。

3. 传输线的反射系数

一般来讲，传输线工作时线上既有入射波还有反射波，为了表征传输线的反射特性，可引入"反射系数"的概念。均匀无耗传输线上某处的反射波电压与入射波电压之比定义为该处的电压反射系数。显然，反射系数模的变化范围为 $0 \leqslant |\Gamma(z)| \leqslant 1$。

4. 传输线的驻波系数

为了定量评价传输线的反射情况，除了用反射系数来描述外，还常常采用能直接测量的电压驻波比($VSWR$)来衡量。电压(或电流)驻波比定义为沿线电压(或电流)最大值与最小值之比。$VSWR = \dfrac{|V|_{\max}}{|V|_{\min}} = \dfrac{|I|_{\max}}{|I|_{\min}} = \dfrac{1+|\Gamma|}{1-|\Gamma|}$

驻波比的变化范围为 $1 \leqslant |VSWR| \leqslant \infty$。

3.4.4　波导传输原理

横电磁波(TEM 波)的基本特点是它的电场矢量和磁场矢量均位于与传播方向垂直的横截面上，也就是说，在 TEM 波的传播方向(纵向)上无电场和磁场分量。由于波导的中空结构，所以波导中是不能传送 TEM 波的。可以这样来理解：在任何电磁存在的空间，磁力线总是闭合的。如果我们假定波导中传输的电磁波的磁力线全部位于横截面内形成闭合曲线，根据电磁场基本知识可知，在其围绕的中间应当存在电流(即传导电流或位移电流)，由于波导是空心的，所以不可能存在传导电流，只能存在位移电流，即交变电场。由于磁力线位于横截面，这样就使它所包围的电场是纵向的。这种只有纵向电场分量的电磁波称为电波(E 波)或横磁波(TM 波)。

也可以先假定波导中的电磁波其电场矢量全部位于波导横截面上，则同前分析，电场矢量应被闭合磁力线包围。这就是说，磁力线一定存在纵向分量。这种纵向仅有磁场分量的波称为磁波(H 波)或横电波(TE 波)。

综上所述，在波导内不可能传送 TEM 波，而只能传输有纵向场分量的 TE 波或 TM 波。TE 波和 TM 波也有许多不同的分布，为便于区分，在电磁问题的讨论中引入了"模式"的概念：波导中的模式是指电磁场在波导中的分布波型。下面以矩形波导为例认识波导传输信号的原理。

3.4.5　矩形波导中的主模

如图 3-42 所示的矩形波导横截面位于 xOy 平面，若向波导馈入平面波，让其沿 +z

方向传播，那么馈入的平面波可表示为

$$E_y = \hat{y} E_{ym} e^{j(\omega t - \beta z)}$$

$$H_z = -\hat{x} H_{xm} e^{j(\omega t - \beta z)} \tag{3-61}$$

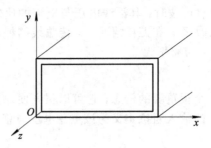

图 3-42

并非任意这样的平面电磁波都能馈入此波导腔内，只有满足边界（导体边界）条件的才能较稳定地在波导内传播。其中一种情况可以满足边界条件，就是电场沿宽边（x 轴）有半个驻波分布，即

$$E_y \propto \sin\left(\frac{\pi x}{\alpha}\right) \qquad (0 \leqslant x \leqslant a) \tag{3-62}$$

按上式计算，在 $x = \dfrac{a}{2}$ 处，$\sin\left(\dfrac{\pi x}{\alpha}\right) = 1$ 电场达到最大值；而在 $x = 0$ 和 $x = a$ 处电场 $E_y = 0$。而这种电场分布是满足波导壁边界条件的。为此可写出电场表示式如下

$$E_y = \hat{y} E_{ym} \sin\left(\frac{\pi x}{\alpha}\right) e^{j(\omega t - \beta_g z)} \tag{3-63}$$

式中 β_g 是波导中的相移常数。

与电场 E_y 密切相关而构成能流的磁场 H_x 理应与电场有相同的变化规律。因此磁场 H_x 为

$$H_x = -\hat{x} H_{xm} \sin\left(\frac{\pi x}{\alpha}\right) e^{j(\omega t - \beta_g z)} \tag{3-64}$$

磁场 H_x 垂直于 $x = 0$ 和 $x = a$ 处的金属壁，按照边界条件，它是不能存在于该导体表面的，再考虑到磁力线必须闭合，所以 x 方向的磁场必转向 z 方向，且 z 方向的磁场分量沿 x 轴，应遵循余弦规律变化，可用式表示为

$$H_z = -\hat{z} H_{zm} \cos\left(\frac{\pi x}{\alpha}\right) e^{j(\omega t - \beta_g z)} \tag{3-65}$$

以上所得出的为矩形波导中电磁波的基本模场强分量，为区分其他电磁波波型，称之为 TE$_{10}$ 波，这种电磁波也是矩型波导的工作主模，归纳起来，该模式的电磁场分量为

$$E_y = \hat{y} E_{ym} \sin\left(\frac{\pi x}{\alpha}\right) e^{j(\omega t - \beta_g z)} \tag{3-66}$$

$$E_x = 0, \ E_z = 0$$

$$H_x = -\hat{x} H_{xm} \sin\left(\frac{\pi x}{\alpha}\right) e^{j(\omega t - \beta_g z)} \tag{3-67}$$

$$H_z = j\hat{z} H_{zm} \cos\left(\frac{\pi x}{\alpha}\right) e^{j(\omega t - \beta_g z)}$$

$$H_y = 0$$

为了对波导中的场和波有一形象化概念，常用电力线和磁力线把波导中某一瞬间的电场和磁场分布描绘下来。

3.4.6 矩形波导中其他模式的电磁波

TE_{10} 波是波导中存在的最简单的一种波型，为便于区分波导中的不同电磁波型，常对它们施加下标 m 和 n，其中 m 表示场强沿宽边（x 方向）变化时出现的最大值数目（半波数）。下标 n 表示场强沿窄边 y 方向变化时出现的最大值个数半波数。

可以证明，无论何种模式要在波导中存在，必须具备两个基本条件：

(1) 其场结构须满足波导的边界条件。

(2) 传输信号的工作频率须高于该模式的截止频率。

矩形波中各模式的截止波长和截止频率可用下式计算

$$\lambda_c = \left\{ \left(\frac{m}{2a}\right)^2 + \left(\frac{n}{2b}\right)^2 \right\}^{-\frac{1}{2}} \tag{3-68}$$

$$f_c = c \left\{ \left(\frac{m}{2a}\right)^2 + \left(\frac{n}{2b}\right)^2 \right\}^{\frac{1}{2}} \tag{3-69}$$

式中 c 是光速。

[**例 3 - 1**] 计算 BJ－100 波导的各模式电磁波的截止波长，BJ－100 波导长 $a=$ 22.86 mm，宽 $b=10.16$ mm，按式（3 - 77）计算可得

$$(\lambda)_{TE_{10}} = 46 \text{ mm} \qquad (\lambda)_{TE_{20}} = 23 \text{ mm}$$

$$(\lambda)_{TE_{01}} = 20 \text{ mm} \qquad (\lambda)_{TE_{02}} = 10 \text{ mm}$$

$$(\lambda)_{TE_{11}} = 18.34 \text{ mm} \qquad (\lambda)_{TM_{11}} = 18.34 \text{ mm}$$

将上述模式的截止波长表示在波长轴上。如图 3－43 所示，可见，当外来信号的波长 λ ≥46 mm 时，任何模式的电磁波均不能通过该波导。再 23 mm＜λ＜46 mm 范围内，只有基本模可以传播，其他模式仍被截止，在此频段内保证单模传输。如果 λ＜10 mm。TE_{10}、TE_{20}、TE_{01}、TE_{02}、TE_{11}、TM_{11} 均可通过波导 BJ—100。由此可见，在波导中需要传送哪一种或哪几种模式，取决于工作波长和波导尺寸。

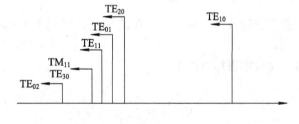

图 3 - 43

显而易见，TE_{10} 模是矩形波导中具有最长截止较长的模式，习惯上把这种具有最低截止频率的模式叫做基本模，而其他模式称为高次模。

3.4.7 常见微波器件

1. 衰减器

衰减器放置在传输系统中可控制传输功率的大小。它与低频电阻功能相同,其吸收的能量均转为热能。根据其衰减量是否可调,可分为固定衰减器和可变衰减器。其主要技术指标有:衰减量 $L=10 \lg \text{Pout}/\text{Pin}$(固定衰减器)和衰减量范围(可变衰减器)、工作频带、功率容量、输入输出端驻波比。通常要求 $VSWR \leqslant 1.1$。

2. 终端元件

终端元件可分为匹配负载和终端短路元件两类。

由前节分析可知,当传输线终端接有与传输线特性阻抗相等的负载时,则传输线上载行波,传输功率全部被负载吸收而无反射,该负载称匹配负载。它与低频电阻的功能也相同,所以匹配负载按其吸收功率的大小可分为小、中、大功率三类。

与匹配负载不同,终端短路元件相当于在其终端接有阻抗为零的元件,其实质就是用良导体将传输线终端封闭呈短路面。

3. 定向耦合器

为了测试发射机发射功率,只能按一定比例从主波导上"耦合"一部分能量进行检测,这样既不影响主传输线的工作,又不致使检测设备损坏。定向耦合器便能实现上述要求。图 3-44 为典型的双孔定向耦合器示意图。

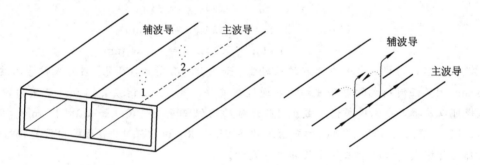

图 3-44

定向耦合器由主波导和辅波导构成。通过在波导公共窄壁上开两个相距为 $\lambda_g/4$ 的小孔来实现其功能。

该定向耦合器的主要技术指标有两个:

(1) 耦合度 K_C:

$$K_C = 10 \lg \frac{P_1}{P_3}$$

式中,P_1 指主波导输入功率;P_3 指辅波导输出功率。

显然耦合系数 K_C 表示主辅波导间的耦合强弱。K_C 越大,耦合越弱,K_C 一般在 20~40 分贝之间。

(2) 定向性 K_d:

$$K_d = 10 \lg \frac{P_3}{P_4}$$

式中 P_3 指辅波导输出功率；P_4 指辅波导中和 P_3 反方向传输的功率。理想的定向耦合器，其定向性 K_d 等于无穷大，通常由于设计、制造等不完全理想，定向性一般在 $20\sim40$ 分贝之间。

4. 隔离器

隔离器又称单向器，它是一种单向传输电磁波的器件。当电磁波沿正向传输时，可将功率全部馈给负载，对来自负载的反射波则产生较大衰减，利用这种单向传输特性，在测量系统可将隔离器置于信号源输出端，用于隔离因负载失配而沿传输线传送过来的反射波，提高信号源的工作稳定性，减小测量误差。

5. 测量线

测量线是测量驻波比的基本测试仪表，波导测量线的结构示意图如图 3-45 所示。

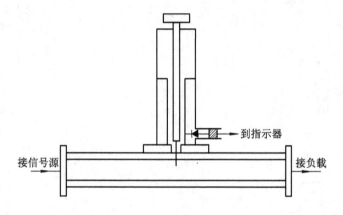

图 3-45

它是在波导宽壁中央开一细长槽，插入一能沿槽移动的调谐探针座构成的。调谐探针座主要由三部分组成：探针、调谐机构、晶体检波二极管。探针拾取波导中的小部分能量，经晶体二极管检波变为低频或直流信号，经放大后再输至指示仪表，沿波导轴移动探针同时记录探针相对位置及探测信号的大小，便可确定驻波比、波导波长等。

6. 功分器

功率分配器简称为功分器，它是把输入信号功率等分或不等分成几路功率输出的器件。在卫星电视接收中，利用功率分配器，就可使用一副天线、一个室外单元和几个接收机，同时收看卫星传送同频段的多套电视节目。

功分器目前有无源和有源两种。无源功分器通常是由纯微带电路组成，有源功分器是在无源功分器的基础上加入宽频带放大器组成的。

课后练习题

1. 试比较软同轴线和硬同轴线的优缺点。
2. 微波信号的常用传输线有哪几种？它们各具有何长处？
3. 波导传输线在各类传输线中具有体积大、重量大、造价昂贵的特点，一般何时使用？

4. 在矩形波导中的各种型波下标 m、n 的含义是什么？主模是什么波？

5. 试设计工作波长为 10 厘米的矩形波导尺寸(a、b)，要求该波导内单模传输。

6. 模式指什么？怎样的模式称为基本模或主模？波导中为什么不能存在 TEM 模？

项目四　用 HFSS 仿真线天线

❖ 学习目标 ❖

- 理解电流元的概念。
- 掌握电流元辐射电磁场的特点。
- 掌握天线的方向性特性参数。
- 了解天线的阻抗特性。
- 知道天线的极化特性。
- 知道天线的频率特性。
- 能用 HFSS 对对称天线进行仿真。

❖ 工作任务 ❖

- 在 HFSS 中仿真半波振子天线。

★★★

大家一定都很熟悉天线的英文名称叫做 antenna，其实，它还有一个英文名叫 aerial。所谓 aerial 的原意就是一条用来发射或接收无线电讯号的长导线。从这个名称可以看出来，人们在还没有把天线发扬光大之前，天线是什么样子。

早期有位实验家名叫威尔，他根据赫兹实验的原理，发明的无线电发射机可以发出很大的火花，但讯号却无法发射出去。实际上他发明的发射机是以火花放电原理产生的无线电。但是让他最纳闷的是，试用了无数的方法，就是无法接收到这发射机所发射的讯号。后来虽然收到了，但讯号很弱。一次他为了验证电波是否可以穿过桌面，他把发射机摆在桌子底下，为了取得讯号，接收机被吊在桌子上方的天花板上，令他感到意外的是，吊着接收机的这一条导线，竟然使接收机的接收效率好了许多，因此，他就把吊着的导线留在那里，这就是天线的雏形。可见，天线就是可以发射或接收电磁波的装置。

随着人们对天线重要性的认识增加，天线技术逐渐发展成为一门相对独立的学科。为适应现代通信设备的需求，天线的研究主要朝几个方面进行：即减小尺寸、宽带和多波段工作、智能方向图控制。随着电子设备集成度的提高，通信设备的体积也越来越小，这时天线对于整个设备就显的过大，这就需要减小天线尺寸。然而，在不影响天线性能的同时减小天线的尺寸却是一项困难的工作。电子设备集成度提高，经常需要一个天线在较宽的频率范围内来支持两个或更多的无线服务，宽带和多波段天线能满足这样的需要。

4.1 天线的基本概念

根据麦克斯韦的理论，变化的电场产生磁场，变化的磁场产生电场，这样周而复始，就形成了电磁波。而我们知道，电荷可以在其周围产生电场，所以，究其原因，可以认为电磁波是由变化的电流产生的。所以要研究电磁波的产生，就要研究电基本振子（电流元）是如何产生电磁波的。

4.1.1 电基本振子及其辐射特点

根据麦克斯韦的理论，周期性变化的电场产生周期性变化的磁场，周期性变化的磁场产生周期性变化的电场，这样交替产生，可在空间传播，形成电磁波。实际电路中，我们总是利用周期性变化的电流来产生周期性变化的磁场，进而产生电磁波。电基本振子就是一个最简单的周期性变化的电流。

电基本振子又称电流元，是一段载有高频电流的细导线，其长度 l 远远小于波长。同时，沿导线各点的电流周期性发生变化，其规律为

$$I = I_m \sin\omega t$$

电基本振子是构成各种线式天线的最基本单元。任何线式天线都可以看成是由许多基本振子组成的，天线在空间中的辐射场可以看做是由这些电基本振子的辐射场叠加得到的。因此，要研究各种天线的特性，首先应了解电基本振子的辐射特性。

如图 4-1 所示，在球坐标中，由原点 O 沿 z 轴放置的电基本振子在各向同性理想均匀无限大的自由空间产生的各个电磁场分量，可由电磁场理论计算得出

$$E_r = \frac{Il}{4\pi} \cdot \frac{2}{\omega\varepsilon_0} \cdot \cos\theta \cdot \left(\frac{-j}{r^3} + \frac{\beta}{r^2}\right) e^{-j\beta r} \tag{4-1}$$

$$E_\theta = \frac{Il}{4\pi} \cdot \frac{1}{\omega\varepsilon_0} \cdot \sin\theta \cdot \left(\frac{-j}{r^3} + \frac{\beta}{r^2} + \frac{j\beta^2}{r}\right) e^{-j\beta r} \tag{4-2}$$

$$E_\varphi = 0$$
$$H_r = 0$$
$$H_\theta = 0$$

$$H_\varphi = \frac{Il}{4\pi} \cdot \sin\theta \cdot \left(\frac{1}{r^2} + \frac{j\beta}{r}\right) e^{-j\beta r} \tag{4-3}$$

式中：$\beta = 2\pi/\lambda = \omega/\nu = \omega\sqrt{\mu\varepsilon}$ 是媒质中电磁波的波数，真空的介电常数 $\varepsilon = \varepsilon_0 = 8.85 \times 10^{-12}$ F/m，真空的磁导率 $\mu = \mu_0 = 4\pi \times 10^{-7}$ H/m；有关时间的因子 $e^{j\omega t}$ 被略去；r 为坐标原点 O 至观察点 M 的距离；θ 为射线 OM 与振子轴（即 z 轴）之间的夹角；φ 为 OM 在 xOy 平面上的投影 OM' 与 x 轴之间的夹角；λ 为自由空间波长；下标 r、θ 和 φ 表示球坐标系中的各分量。

电基本振子就是最简单、最基本的天线。从上式可以看出，电基本振子的电场只有两个分量，磁场只有一个分量，这三个量是互相垂直的。根据距离的远近，可以将电基本振子的场区分为三个区域，即 $\beta r \ll 1$ 的近区、$\beta r \gg 1$ 的远区和两者之间的中间区。下面主要讨论近区场和远区场的电磁场特点。

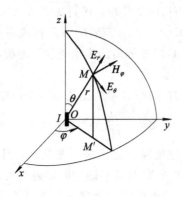

图 4 - 1

4.1.2 近区场

当 $\beta r \ll 1$ 的区域为近场区时，由 $\beta = 2\pi/\lambda$ 可知近区场是指 $r \ll \lambda/2\pi$ 的范围，即靠近电基本振子的区域，在此区域，与 r^{-2} 及 r^{-3} 项相比，r^{-1} 项可忽略，可认为 $e^{-j\beta r} \approx 1$。由于 r 很小，故只需保留式(4-1)、(4-2)和(4-3)中的 $1/r$ 的高次项，得到电基本振子的近区场表达式为

$$E_r = -j\frac{Il}{4\pi r^3} \cdot \frac{2}{\omega \varepsilon_0} \cos\theta$$

$$E_\theta = -j\frac{Il}{4\pi r^3} \cdot \frac{1}{\omega \varepsilon_0} \sin\theta \qquad (4-4)$$

$$H_\varphi = \frac{Il}{4\pi r^2}\sin\theta$$

由上式可得以下结论：

(1) 场随距离 r 的增大而迅速减小。

(2) 电场相位滞后于磁场 $90°$，由于电场和磁场存在 $\pi/2$ 的相位差，在此区域，电磁能量在源和场之间来回振荡，在一个周期内，场源供给场的能量等于从场返回到场源的能量，能量在电场和磁场以及场与源之间来回交换，而没有能量向外辐射，所以近区场也称为感应场。

4.1.3 远区场

对于天线来说，有实用意义的是远区场，或称辐射场区。当 $\beta r \gg 1$ 时，$r \gg \lambda/2\pi$，电磁场主要由 r^{-1} 项决定，r^{-2} 和 r^{-3} 项可忽略。由式(4-1)、(4-2)和(4-3)可得

$$E_\theta = j\frac{60\pi Il}{\lambda r} \cdot \sin\theta \cdot e^{-j\beta r}$$

$$H_\varphi = j\frac{Il}{2\lambda r} \cdot \sin\theta \cdot e^{-j\beta r} \qquad (4-5)$$

$$E_r \approx 0$$

$$H_r = H_\theta = E_\varphi = 0$$

分析式(4-5)，同时将 $\beta^2 = \omega^2 \varepsilon_0 \mu_0$，$\omega = 2\pi f = 2\pi c/\lambda$，$c$ 为光速即 3×10^8 m/s 代入式 (4-1)、(4-2)和(4-3)，可以看出，电基本振子的远区场具有如下特点：

(1) 在远区场,只有 E_θ 和 H_φ 两个分量,它们在空间上相互垂直,在时间上同相位,所以其波印廷矢量指向 r 方向;E_θ、H_φ 和 r 三者的方向构成右手螺旋关系,这说明电基本振子的远区场是一个沿着半径方向向外传播的横电磁波,电磁能量离开场源向空间辐射,不再返回,所以远区场又称辐射场。

(2) 在远区场,只有 E_θ 和 H_φ 两个分量的比值是一个恒定值,用 Z_0 来表示

$$Z_0 = \frac{E_\theta}{H_\varphi} = 120\pi\,(\Omega) \tag{4-6}$$

说明辐射场的电场强度与磁场强度之比是一常数,它具有阻抗的量纲,称为波阻抗。由于两者的比值为一常数,故在研究电基本振子的辐射场时,只需讨论两者中的一个量就可以了。例如讨论 E_θ,由 E_θ 就可得出 H_φ。远区场具有与平面波相同的特性。

(3) 辐射场的强度与距离成反比,即随着距离的增大,辐射场减小。这是因为辐射场是以球面波的形式向外扩散的,当距离增大时,辐射能量分布到以 r 为半径的更大的球面面积上。

(4) 电基本振子在远区的辐射场是有方向性的,其场强的大小与函数 $\sin\theta$ 成正比。在 $\theta = 0°$ 和 $180°$ 方向上,即在振子轴的方向上辐射为零,而在通过振子中心并垂直于振子轴的方向上,即 $\theta = 90°$ 方向上辐射最强。

在天线特性的表述中,我们需要了解天线辐射场在空间不同方向上的分布情况,也就是要了解在离天线相同距离的不同方向上,天线辐射场的相对值与空间方向的关系,我们称此为天线的方向性。

4.1.4 天线的主要特性参数

1. 天线的方向特性参数

天线辐射或接收无线电波时,一般具有方向性,即天线所产生的辐射场的强度在离天线等距离的空间各点,随着方向的不同而改变,或者天线对于从不同方向传来的等强度的无线电波接收的能量不同。换句话说,即天线在有的方向上辐射或接收较强,在有的方向上则辐射或接收较弱,甚至为零。为了描述其方向特性,我们引入了以下几个参数。

1) 方向性函数

方向性函数以数学表达式的形式描述了以天线为中心,某一恒定距离为半径的球面(处于远区场)上辐射场强振幅的相对分布情况。场强振幅分布的方向性函数定义为

$$F(\theta, \varphi) = \frac{|\boldsymbol{E}(\theta, \varphi)|}{|\boldsymbol{E}_{\max}|} \tag{4-7}$$

电基本振子的方向性函数为

$$F(\theta, \varphi) = F(\theta) = \sin\theta$$

2) 方向图

天线的辐射与接收作用分布于整个空间,因而天线的方向性即天线在各方向辐射(或接收)强度的相对大小可用方向图来表示。以天线为原点,向各方向做射线,在距离天线同样距离但不同方向上测量辐射(或接收)电磁波的场强,使各方向的射线长度与场强成正比,即得天线的三维空间方向分布图。(注意:不同长度的矢量都表示不同方向但离天线同样距离的各点的场强。)

　　将方向性函数在坐标系描绘出来，就是方向图。这种方向图是一个三维空间的立体图，任何通过原点的平面，与立体图相交的轮廓线称为天线在该平面的平面方向图，如图 4-2 所示。工程上一般采用两个相互正交的主平面上的方向图来表示天线的方向性，这两个主平面常选 E 面和 H 面。E 面方向图是通过天线最大辐射方向并平行于电场矢量的平面内辐射方向图；H 面方向图是通过天线最大辐射方向并垂直于 E 面的平面内辐射方向图。

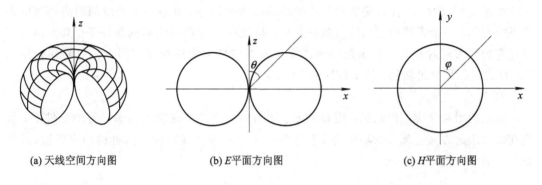

(a) 天线空间方向图　　　　　　(b) E 平面方向图　　　　　　(c) H 平面方向图

图 4-2

　　对于一般的天线来说，其方向图可能包含有多个波瓣，它们分别被称为主瓣、副瓣。如图 4-3 所示，表示一个极坐标形式的方向图。由图可见，主瓣就是具有最大辐射场强的波瓣。图中的主瓣正好在 x 轴方向上。方向图的主瓣也可能在其他某一个角度方向上。除主瓣外，所有其他的波瓣都称为副瓣。

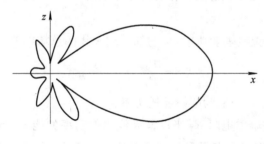

图 4-3

　　3）主瓣宽度

　　主瓣集中了天线辐射功率的主要部分。所谓主瓣宽度，就是主瓣最大辐射方向两侧、半功率点之间的夹角，即辐射功率密度降至最大辐射方向上功率密度一半时的两个辐射方向间的夹角，以 $2\theta_{0.5}$ 表示。对场强来说，主瓣宽度是指场强降至最大场强值的 $1/\sqrt{2}$ 倍时的两个方向间的夹角。主瓣最大方向两侧的第一个零辐射方向间的夹角，称为零点波瓣宽度，并用 $2\theta_0$ 表示。主瓣宽度越窄，天线的方向性就越强。

　　4）方向性系数

　　方向图虽然可以形象地表示天线的方向性，但是不便于在不同天线之间进行比较。为了定量地比较不同天线的方向性，引入了"方向性系数"这个参数，它表明天线在空间集中辐射的能力。

　　在确定方向性系数时，通常我们以理想的无方向性天线作为参考的标准。无方向性天线在各个方向的辐射强度相等,其方向图为一球面。我们把无方向性天线的方向性系数取为 1。

方向性系数的定义是:设被研究天线的辐射功率 P_Σ 和作为参考的无方向性天线的辐射功率 $P_{\Sigma0}$ 相等,即 $P_\Sigma = P_{\Sigma0}$ 时,被研究天线在最大辐射方向上产生的功率通量密度(或场强的平方)与无方向性天线在同一点处辐射的功率通量密度之比,称为天线的方向性系数 D。

由定义可以看出,比较是在两天线的总辐射功率相等,观察点对天线的距离相等的条件下进行的。一个天线的方向性系数的大小,是指在辐射功率相同的条件下,有方向性天线在它的最大辐射方向上的辐射功率密度与无方向性天线在相应方向上辐射功率密度之比。D 也可以用分贝表示,即 $D(\mathrm{dB}) = 10\lg D$。

5) 增益

天线的增益又称增益系数,用 G 表示。增益的定义是:在输入功率相等的条件下,天线在最大辐射方向上某点的功率密度和理想的无方向性天线在同一点处的功率密度(或场强振幅的平方值)之比,即

$$G = \frac{S_{\max}}{S_0} = \left. \frac{|E_{\max}|^2}{|E_0|^2} \right|_{P_i = P_{i0}} \tag{4-8}$$

可见,天线的增益系数描述了天线与理想的无方向性天线相比,在最大辐射方向上将输入功率放大的倍数。

若不特别说明,则某天线的增益系数一般就是指该天线在最大辐射方向的增益系数。通常所指的增益系数均是以理想天线作为对比标准的。

6) 天线效率

天线效率定义为:天线辐射功率 P_Σ 与输入到天线的总功率 P_i 之比,记为 η_A,即

$$\eta_A = \frac{P_\Sigma}{P_i} = \frac{P_\Sigma}{P_\Sigma + P_L} \tag{4-9}$$

式中,P_i 为输入功率,P_L 为欧姆损耗功率。

实际中常用天线的辐射电阻 R_Σ 来度量天线辐射功率的能力。天线的辐射电阻是一个虚拟的量,定义为:设有一个电阻 R_Σ,当通过它的电流等于天线上的最大电流 I_m 时,其损耗的功率就等于其辐射功率。显然,辐射电阻的高低是衡量天线辐射能力的一个重要指标,即辐射电阻越大,天线的辐射能力越强。

由上述定义得辐射电阻与辐射功率的关系为

$$P_\Sigma = \frac{1}{2} I_m^2 R_\Sigma$$

则辐射电阻为

$$R_\Sigma = \frac{2P_\Sigma}{I_m^2}$$

同理,耗损电阻 R_L 为

$$R_L = \frac{2P_L}{I_m^2}$$

将上述两式代入式(4-9),得天线效率为

$$\eta_A = \frac{R_\Sigma}{R_\Sigma + R_L} = \frac{1}{1 + R_L/R_\Sigma} \qquad (4-10)$$

可见，要提高天线效率，应尽可能提高辐射电阻 R_Σ，降低耗损电阻 R_L。

一般来说，长、中波以及电尺寸很小的天线，R_Σ 均较小，相对 R_Σ 而言，地面及邻近物体的吸收所造成的损耗电阻较大，因此天线效率很低，可能仅有百分之几。这时需要采用一些特殊措施，如通过铺设地网和设置顶负载来改善其效率。而超短波和微波天线的电尺寸可以做得很大，使辐射能力强，其效率可接近于 1。

增益系数是综合衡量天线能量转换和方向特性的参数，它是方向系数与天线效率的乘积，记为 G，即

$$G = D \cdot \eta_A \qquad (4-11)$$

由上式可见：天线方向系数和效率愈高，则增益系数愈高。

2. 天线的阻抗特性参数

1）输入阻抗

所谓天线输入阻抗，就是指加在天线输入端的高频电压与输入端电流之比，即

$$Z_{in} = \frac{U_{in}}{I_{in}} \qquad (4-12)$$

通常，天线输入阻抗分为电阻及电抗两部分，即 $Z_{in} = R_{in} + jX_{in}$。其中，$R_{in}$ 为输入电阻，X_{in} 为输入电抗。

对比电路理论，把输入到天线上的功率看做被一个阻抗所吸收，则天线可以被看成是一个等效阻抗。天线与馈线相连，又可以把天线看成是馈线的负载。于是，天线的输入阻抗就成为馈线的负载阻抗。

要使天线效率高，就必须使天线与馈线良好匹配，也就是要使天线的输入阻抗等于传输线的特性阻抗，这样才能使天线获得最大功率。

天线的输入阻抗决定于天线的结构、工作频率以及天线周围物体的影响等。仅仅在极少数情况下才能严格地按理论计算出来，一般采用近似方法计算或直接由实验测定。

2）输出阻抗

如果把天线向外辐射的功率看做为被某个等效阻抗所吸收，则称此等效阻抗为输出阻抗，或称为辐射阻抗，即 $P_\Sigma = I^2 R_\Sigma$。

I 是电流的有效值。精确计算辐射阻抗相当困难，通常也是采用近似方法计算。

3. 天线的极化特性参数

1）线极化

当电场矢量只是大小随时间变化而取向不变，其端点的轨迹为一直线时，称为线极化。对于线极化波，电场矢量在传播过程中总是在一个确定的平面内，这个平面就是电场矢量的振动方向和传播方向所决定的平面，常称为极化平面。因此线极化又称为平面极化。

当电磁波的电场矢量与地面垂直时，称为垂直极化，与地面平行时称为水平极化。

2）圆极化

当电场振幅为常量而电场矢量以角速度 ω 围绕传播方向旋转，其端点的轨迹为一圆时，称为圆极化。在圆极化的情况下，电场矢量端点旋转方向与传播方向成右手螺旋关系

的叫做右旋圆极化波，成左手螺旋关系的叫做左旋圆极化波。

3）椭圆极化

在一个周期内，电场矢量的大小和方向都在变化，在垂直于传播方向的平面内，电场矢量端点的轨迹为一椭圆，则称为椭圆极化波。

椭圆极化波可以看做是两个频率相同，但振幅不等、相位不同的互相垂直的线极化波合成的结果。圆极化可以看做是特殊的椭圆极化，即可以看成是振幅相同，相位不同的互相垂直的线极化波合成的结果。

极化问题具有重要的意义。例如在水平极化电波的电磁场中放置垂直的振子天线，则天线不会感应出电流；接收天线的振子方向与极化方向愈一致（也叫极化匹配），则在天线上产生的感应电动势愈大。否则将产生"极化损耗"，使天线不能有效地接收。

不同极化形式的天线也可以互相配合使用，如线极化天线可以接收圆极化波，但效率较低，因为只接收到两个分量之中的一个分量。圆极化天线可以有效地接收旋向相同的圆极化波或椭圆极化波；若旋向不一致，则几乎不能接收。

［练习］

垂直极化波要用具有＿＿＿＿＿极化（垂直/水平）特性的天线来接收，否则天线就接收不到来波的能量。

水平极化波要用具有＿＿＿＿＿极化（垂直/水平）特性的天线来接收，否则天线就接收不到来波的能量。

右旋圆极化波要用具有＿＿＿＿＿（右旋/左旋）圆极化特性的天线来接收，否则天线就接收不到来波的能量。

左旋圆极化波要用具有＿＿＿＿＿（右旋/左旋）圆极化特性的天线来接收，否则天线就接收不到来波的能量。

用圆极化天线接收任一线极化波，或者，用线极化天线接收任一圆极化波，只能接收到来波的＿＿＿＿＿能量。

4. 天线的频率特性参数

前面讨论天线的各种参数时，大都是在一定频率的情况下讨论的。可见同一天线，对不同频率的电磁波，其特性是不同的。这个特性用天线的频带宽度来表示，天线的频带宽度是一个频率范围。在这个范围里，天线的各种特性参数应满足一定的要求标准。当工作频率偏离设计频率时，往往会引起天线参数的变化，例如主瓣宽度增大、副瓣电平增高、增益系数降低、输入阻抗和极化特性变坏、输入阻抗与馈线失配加剧、方向性系数和辐射效率下降等等。

天线的频带宽度的定义为：中心频率两侧，天线的特性下降到还能接受的最低限时两频率间的差值。

因为天线的各个特性指标（均是工作频率的函数）随频率变化的方式不同，所以天线的频带宽度不是惟一的。对应于天线的不同特性，有不同的频带宽度，在实际中应根据具体情况而定。通常可将它分为两类：根据天线方向性的变化确定的叫做"方向性频宽"，根据天线输入阻抗的变化确定的叫做"阻抗频宽"。例如，全长小于或接近于半波长的对称振子天线，它的方向图随频率变化得很缓慢，但它的输入阻抗的变化非常剧烈，因而它的频带宽度常根据输入阻抗的变化确定；对于几何尺寸远大于波长的天线或天线阵，它们的输入阻抗可能对频率不敏感，天线的频带宽度主要根据波瓣宽度的变化、副瓣电平的增大及主瓣偏离主辐射方向的程度等因素确定；对于圆极化天线，其极化特性常成为限制频宽的主要因素。

对宽频带天线来说，天线的频带宽度常用保持所要求特性指标的最高与最低频率之比表示。例如 10：1 的频带宽度表示天线的最高可用频率为最低的 10 倍。对于窄频带天线，常用最高、最低可用频率的差 $2\Delta f$ 与中心频率 f_0 之比，即相对带宽的百分数表示。

4.1.5　接收天线的特性参数

接收天线和发射天线的作用是一个可逆过程，也就是说发射天线与接收天线具有互易性。根据互易定理可以得出：同一个天线既可以用做发射，也可以用做接收。对同一天线不论用做发射或用做接收，性能都是相同的，即天线的特性参数不变，如方向特性、阻抗特性、极化特性、通频带特性、等效长度、增益等都相同。例如，天线用做发射时，某一方向辐射最强；反过来用做接收时，也是该方向接收最强。因此，利用互易定理由天线的发射特性去分析天线的接收特性是分析接收天线的一个最简易的方法。

从以上分析可以得出：接收天线和发射天线具有互易性。也就是说，对发射天线的分析，同样适合于接收天线。

4.2　对　称　振　子

对称振子也叫对称天线，它是由直径和长度均相等的两根直导线构成的，在两个内端点上由等幅反相的电压激励。每根导线的长度为 l，直径远小于长度。振子臂受电源电压激励产生电流，并在空间建立电磁场。对称振子因其结构简单而被广泛应用于通信、雷达和探测等各种无线电设备中。适用于短波、超短波直至微波波段。

4.2.1　对称振子上的电流分布

在研究对称振子电流分布时，通常把它看成是由一对终端开路的传输线两臂向外张开而得来的，并假设张开前后的电流分布相似，如图 4-4 所示。

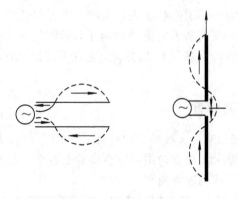

图 4-4

先讨论传输线上电流的分布规律。由于微波传输线中的分布参数不可忽略，使得其上

面的电流分布变得相对复杂些。参考项目三中电磁波的有线传输部分内容，由传输线特性方程(3-59)可知

$$\frac{\mathrm{d}U(z)}{\mathrm{d}z} = -\left[R_1 I(z) + \mathrm{j}\omega L_1 I(z)\right]$$

$$\frac{\mathrm{d}I(z)}{\mathrm{d}z} = -\left[G_1 U(z) + \mathrm{j}\omega C_1 U(z)\right]$$

从而得到它的解为

$$U(z) = U_2 \cos\beta z + \mathrm{j}I_2 Z_0 \sin\beta z$$

$$I(z) = I_2 \cos\beta z + \mathrm{j}\frac{U_2}{Z_0}\sin\beta z$$

现在讨论终端开路传输线的情况，此时：$I_2 = 0$，则

$$U(z) = U_2 \cos\beta z$$

$$I(z) = \mathrm{j}\frac{U_2}{Z_0} \sin\beta z$$

设开路传输线上的电流也按上述规律分布，则天线上的电流振幅分布表示式为

$$I(z) = I_m \sin[\beta(l-z)] \qquad z > 0$$
$$I(z) = I_m \sin[\beta(l+z)] \qquad z < 0$$
$$(4-13)$$

式中：I_m 为波腹点电流；β 是对称天线上电流波的相移常数，此时它就等于在自由空间时的相移常数($\beta = 2\pi/\lambda$)。

4.2.2　对称振子的辐射场

确定了对称振子上的电流分布后，就可以计算它在空间任一点的辐射场强了。由于对称振子天线的长度与波长可以比拟，因此它上面各点的电流分布不一样，不再是等幅同相的了。但是我们可以将对称天线分成许多小微段，把每一小微段看做一个电流元，微段上的电流可认为是等幅同相的。于是对称天线在空间任一点的辐射场强，就是这许多电流元所产生的场强的叠加。球面坐标系中，即通过积分后可以计算对称振子在远场区空间产生的电场分布

$$E_\theta = \mathrm{j}\frac{60 I_m}{r}\left[\frac{\cos(\beta l \cos\theta) - \cos(\beta l)}{\sin\theta}\right]\mathrm{e}^{-\mathrm{j}\beta r} \qquad (4-14)$$

式中，r 表示考察点到天线中心的距离，l 表示天线一个臂的长度。从式(4-14)可以看出，前一项是一个系数，中间一项是和方向有关的因子，后面的 $\mathrm{e}^{-\mathrm{j}\beta r}$ 包含着相位推迟的概念。也就是说，对称天线在远区场电场只有 E_θ 分量，它在不同的 θ 方向上是不同的，因此它是有方向性的。

4.2.3　对称振子的方向特性

虽然式(4-14)可以表示对称天线的方向特性，但不够直观，故对称天线的方向特性常用方向性函数和方向图来表示。用方向图可以直接看出各个方向上场强或功率密度的相对大小，分别称为场强方向图或功率方向图。

将式(4-14)略去相位因子，并根据天线方向性函数的定义

$$F(\theta, \varphi) = \frac{|\boldsymbol{E}(\theta, \varphi)|}{|\boldsymbol{E}_{\max}|}$$

可知，对称天线的辐射场强方向性函数为

$$F(\theta, \varphi) = \frac{|E(\theta, \varphi)|}{|E_{\max}|} = \frac{|E_\theta|}{60 I_m / r_0} = \frac{\cos(\beta l \cos\theta) - \cos(\beta l)}{\sin\theta} \qquad (4-15)$$

由上式可以看出，对称振子辐射场的大小是与方向有关的，它向各个方向的辐射是不均匀的。方向性函数 $F(\theta, \varphi)$ 中不含 φ，这表明对称振子的辐射场与 φ 无关，也就是说对称振子在与它垂直的平面（H 面）内是无方向性的。

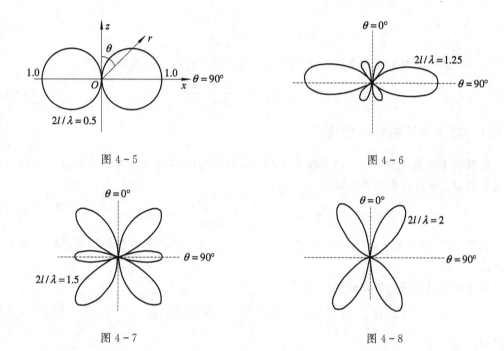

图 4 - 5　　　　　　　　　　　　　　　　　图 4 - 6

图 4 - 7　　　　　　　　　　　　　　　　　图 4 - 8

当 $\theta = 90°$，$F(\theta)$ 为常数时，方向图是一个圆。在子午面（E 面）即包含振子轴线的平面内，对称天线的方向性比电流元复杂，方向性函数不仅含有 θ，而且含有对称振子的半臂长度 l，这表明不同长度的对称振子有不同的方向性。对称振子的 E 面方向性图随 l/λ 变化的情况如下：

（1）当振子全长 $2l$ 在一个波长内（$2l \leqslant \lambda$）时，E 面方向图只有两个大波瓣，没有小波瓣，其辐射最大值在对称振子的垂直方向（$\theta = 90°$）。而且振子越长，波瓣越窄，方向性越强。如图 4 - 5 所示。

（2）当振子全长超过一个波长（$2l > \lambda$）时，天线上出现反向电流，在方向图中出现副瓣。在 $2l = 1.25\lambda$ 时，与振子垂直方向的大波瓣两旁出现了小波瓣。如图 4 - 6 所示。

（3）随着 l/λ 的增加，当 $2l = 1.5\lambda$ 时，原来的副瓣逐渐变成主瓣，而原来的主瓣则变成了副瓣，如图 4 - 7 所示。

（4）在 $l/\lambda = 1$，即 $2l = 2\lambda$ 时，原主瓣消失变成同样大小的四个波瓣，如图 4 - 8 所示。

当 $2l = 1.5\lambda$ 时，最大辐射方向已经偏离了振子的垂直方向。当 $2l = 2\lambda$ 时，振子垂直方向根本没有辐射了。

对称天线在子午面（E 面）内的方向图随 l/λ 而变化的物理原因是，不同长度的对称振子上的电流分布不同。在 $2l \leqslant \lambda$ 时，振子上的电流都是同相的。$2l > \lambda$ 以后，振子上的电流出现了反相部分。正是由于天线上的电流分布不同，各微段至观察点的射线之间存在着行程差，因而电场间便存在着相位差。叠加时是同相相加的，即有最大的辐射；如是反相相减，则有零点值；而在其他方向上，有互相抵消作用，于是便得到了比最大值小的其他值。

最常用的对称振子是 $2l=\lambda/2$ 的半波振子或半波对称天线，由式(4-15)得其方向性函数为

$$F(\theta,\varphi)=\frac{\cos\left(\frac{\pi}{2}\cos\theta\right)}{\sin\theta} \tag{4-16}$$

$2l=\lambda$ 的对称振子叫做全波振子或全波对称天线，它的方向性函数为

$$F(\theta,\varphi)=\frac{1+\cos(\pi\cos\theta)}{\sin\theta} \tag{4-17}$$

4.2.4 对称振子的辐射功率

辐射功率的物理意义是：以天线为中心，在远区范围内的一个球面上，单位时间内所通过的能量。辐射功率的表示式为

$$P_\Sigma=\oint_{\text{远区}}\boldsymbol{S}\cdot\mathrm{d}\boldsymbol{A}=\int_{\varphi=0}^{2\pi}\int_{\theta=0}^{\pi}\frac{E_0^2}{2Z_0}r^2\sin\theta\mathrm{d}\theta\mathrm{d}\varphi \tag{4-18}$$

式中：$S=E_0^2/(2Z_0)=E_0^2/240\pi$ 是功率密度，E_0 是远区辐射电场的幅度，$Z_0=120\pi$ 是波阻抗。

根据前面的讨论，对称振子的远区辐射电场为

$$E_\theta=\mathrm{j}\frac{60I_m}{r_0}\left(\frac{\cos(\beta l\cos\theta)-\cos(\beta l)}{\sin\theta}\right)\mathrm{e}^{-\mathrm{j}\beta r_0}$$

它的幅度为

$$E_0=\frac{60I_m}{r_0}\cdot\frac{\cos(\beta l\cos\theta)-\cos(\beta l)}{\sin\theta} \tag{4-19}$$

将式(4-19)代入式(4-18)，得到对称天线的辐射功率为

$$P_\Sigma=30I_m^2\int_0^\pi\frac{[\cos(\beta l\cos\theta)-\cos(\beta l)^2}{\sin\theta}\mathrm{d}\theta \tag{4-20}$$

4.2.5 对称振子的辐射阻抗

辐射电阻的定义为：将天线向外所辐射的功率等效为在一个辐射电阻上的损耗，即

$$P_\Sigma=\frac{1}{2}I_m^2R_\Sigma$$

可得到对称振子的辐射电阻为

$$R_\Sigma=\frac{2P_\Sigma}{I_m^2}=60\int_0^\pi\frac{[\cos(\beta l\cos\theta)-\cos(\beta l)]^2}{\sin\theta}\mathrm{d}\theta \tag{4-21}$$

因为计算过程很复杂，所以将计算结果制成图像，以方便用时查询，图4-9就是利用上式给出了对称振子天线的辐射阻抗 R_Σ 随其臂的电长度 l/λ 的变化曲线。

由图容易查得：常用的半波振子的辐射阻抗 $R_\Sigma=73.1\ \Omega$，全波振子的辐射阻抗 $R_\Sigma=200\ \Omega$。

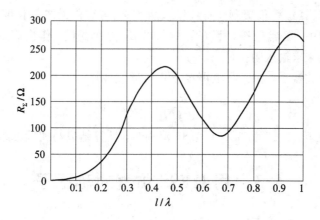

图 4 - 9

4.2.6 对称振子的输入阻抗

1. 特性阻抗

由传输线理论知，平行均匀双导线传输线的特性阻抗沿线是不变化的，它的值为

$$Z_0 = 120 \ln \frac{D}{a}$$

式中：D 为两导线间距；a 为导线半径。而对称振子两臂上对应线段之间的距离是变化的，设对称振子两臂上对应线段（对应单元）之间的距离为 $2z$，则对称振子在 z 处的特性阻抗为

$$Z_0(z) = 120 \ln \frac{2z}{a}$$

式中，a 为对称振子的半径。

将 $Z_0(z)$ 沿 z 轴取平均值即得对称振子的平均特性阻抗

$$\bar{Z}_0 = \frac{1}{l} \int_\delta^l Z_0(z) \mathrm{d}z = 120 \left(\ln \frac{2l}{a} - 1 \right) \tag{4-22}$$

可见，$\bar{Z}_0$ 随 l/a 的变化而变化，在 l 一定时，a 越大，则平均特性阻抗 $\bar{Z}_0$ 越小。

2. 输入阻抗

平行均匀双导线传输线是用来传送能量的，它是非辐射系统，几乎没有辐射，而对称振子是一种辐射器，它相当于具有损耗的传输线。根据传输线理论，长度为 l 的有损耗传输线的输入阻抗为

$$Z_{\mathrm{in}} = Z_0 \frac{\mathrm{sh}(2al) - \dfrac{\alpha}{\beta} \sin(2\beta l)}{\mathrm{ch}(2al) - \cos(2\beta l)} - \mathrm{j} Z_0 \frac{\dfrac{\alpha}{\beta} \mathrm{sh}(2al) + \sin(2\beta l)}{\mathrm{ch}(2al) - \cos(2\beta l)} \tag{4-23}$$

式中：Z_0 为有损耗传输线的特性阻抗，以式（4-30）的 $\bar{Z}_0$ 来代替；α 为对称振子上等效衰减常数，鉴于篇幅，就不再对 α 讨论了，只把结论写出

$$\alpha = \frac{R_\Sigma}{\bar{Z}_0 l \left(1 - \dfrac{\sin(2\beta l)}{2\beta l} \right)} \tag{4-24}$$

有了 Z_0 和 α，就可以利用等效传输线输入阻抗的公式，即式（4-23）来计算天线的输

入阻抗 Z_{in} 了。但计算过程很繁琐，而且输入阻抗 Z_{in} 与对称天线电长度 l/λ 之间的关系很不直观，实际应用中，经常是按计算好的结果以 $\bar{Z}_0$ 为参变量，作出 $Z_{in}=f(l/\lambda)$ 的各种曲线，然后用查图法来求输入阻抗的。

另外，对于半波振子，在工程上可按下式做近似计算

$$Z_{in}=\frac{R_\Sigma}{\sin^2(\beta l)}-\mathrm{j}\bar{Z}_0\cot(\beta l) \tag{4-25}$$

当振子臂长在 $0\sim0.35$ 和 $0.65\sim0.85$ 范围时，计算结果与实验结果比较一致。

4.3 用 HFSS 仿真对称振子

4.3.1 初始步骤

（1）打开软件 Ansoft HFSS。

点击 Start 按钮，选择 program，然后选择 Ansoft/HFSS 11，点击 HFSS 11。

（2）新建一个项目。

在窗口中，点击新建按钮，或者选择菜单项 File/New。

在 Project 菜单中，选择 Insert HFSS Design。

（3）设置求解类型。

点击菜单项 HFSS/Solution Type，在跳出窗口中选择 Driven Modal，再点击 OK 按钮。

（4）为建立模型设置单位为 mm。

4.3.2 定义变量

选择菜单项 HFSS /Design Properties 后，跳出如图 4-10 所示的窗口。

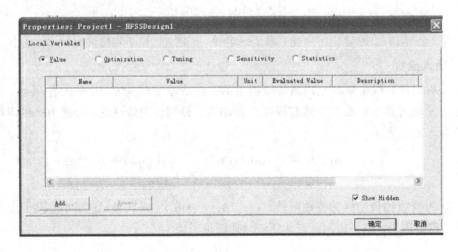

图 4-10

在跳出窗口中点击 Add 按钮后，在 Name 处输入变量名 lambda，如图 4-11(a)所示。

用 lambda 来代表天线工作波长，在 Value 处输入变量值 500 mm，再点击 OK 按钮后得到如图 4-11(b)所示的窗口。

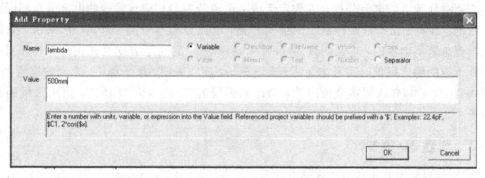

(a)

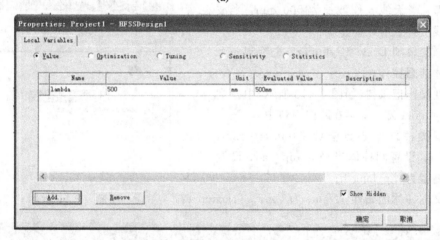

(b)

图 4-11

与此类似，最后再定义如图 4-12 所示的变量。

图 4-12

思考：各变量代表什么？当改变变量 lambda 值后，结果会怎样？改变变量 dip_length 又会怎样呢？变量 res_length 为什么要乘以系数 0.485 呢？

前面对称天线的电流分析是在假定天线上电流分布与相应传输线的电流分布相同而得出的结论。事实上由于这两种系统的结构差异，电流分布不可能一样。一般来讲，天线的终端电流总是不为零的，这又叫做天线的"末端效应"。它对于方向性来讲可忽略不计，但在计算天线的输入阻抗时需考虑。对于半波振子，实践表明，振子越粗，末端效应越大。为和馈线匹配，希望输入阻抗呈纯阻性，考虑到天线的"末端效应"，所以，要求天线的长度稍短于 $\lambda/2$。

4.3.3 创建 3D 模型

1) 绘制棍状圆柱体作为天线的上臂

思考：当天线工作波长为 500 mm，半波振子天线上臂长应取为多少？

选择菜单项 Draw /Cylinder，先绘制一个任意尺寸的圆柱体；

再在操作记录树（如图 4-13 所示）中找到 CreateCylinder 双击，再在跳出窗口中，

设置圆柱体中心点坐标 0 mm，0 mm，gap_src/2；设置圆柱体半径为 dip_rad；设置圆柱体高度为 dip_length；

图 4-13

定义圆柱体的属性：Name 为 Dip1，Transport 项为 0.8。如图 4-14 所示。

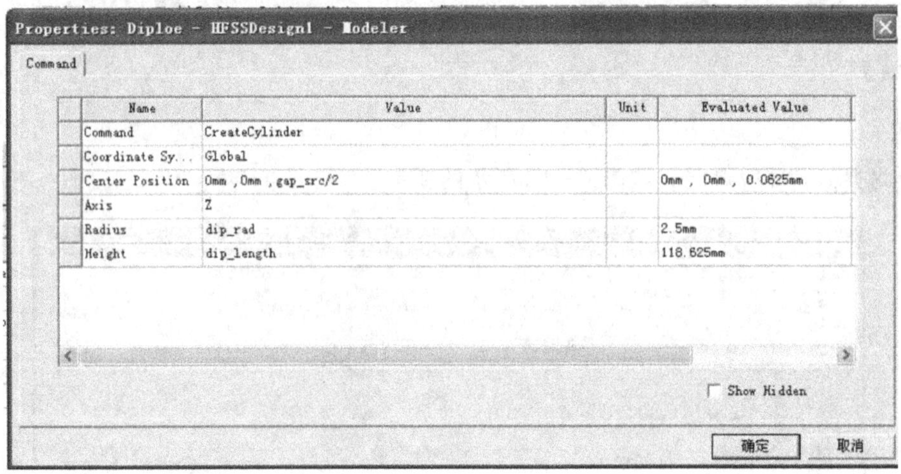

Name	Value	Unit	Evaluated Value
Command	CreateCylinder		
Coordinate Sy...	Global		
Center Position	0mm ,0mm , gap_src/2		0mm , 0mm , 0.0625mm
Axis	Z		
Radius	dip_rad		2.5mm
Height	dip_length		118.625mm

图 4-14

2) 绘制天线的下臂

选中刚才画的天线上臂，右击菜单选择 Edit/Duplicate/Around Axis，如图 4-15 所示。再在跳出的窗口中输入 Axis：X，Angle：180，Total number：2，如图 4-16 所示。

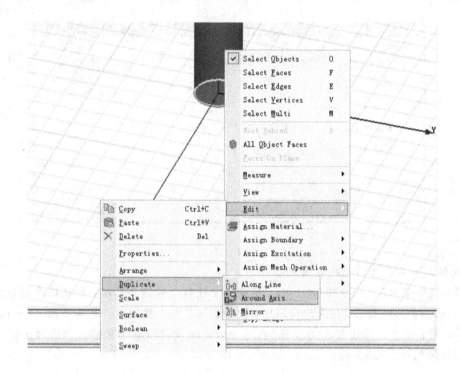

图 4 - 15

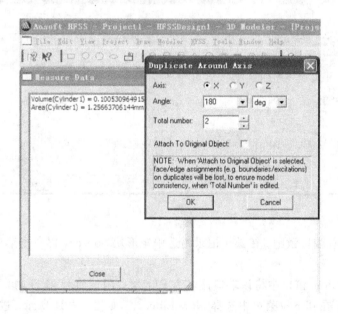

图 4 - 16

3）给天线模型设置材料特性

在操作历史树中同时选中天线的上臂 Dip1 和下臂 Dip1_1，单击鼠标右键，进入 Properties 选项，我们把天线模型材料属性 Material 设置为理想导体 pec，如图 4 - 17 所示。

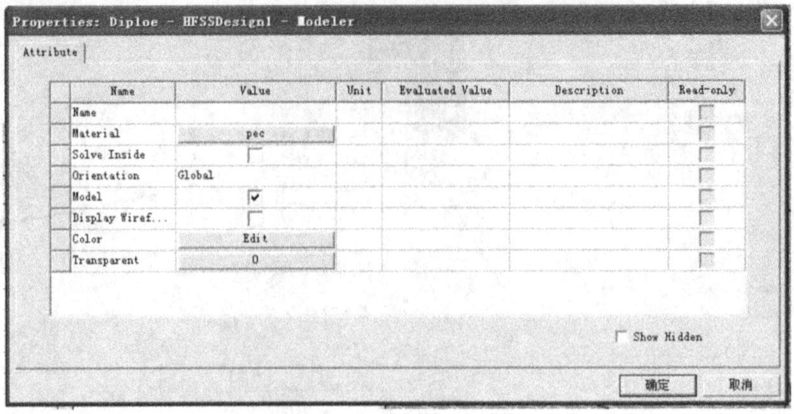

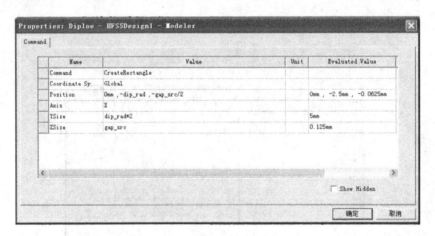

图 4 - 17

4）绘制矩形块作为天线的馈电端口

（1）选择菜单项 Draw/Rectangle，绘制一个任意尺寸的矩形块，再在操作记录树中找到 CreateRectangle 双击，在跳出窗口中，设置矩形块左上角顶点坐标为 0 mm，−dip_rad，−gap_src/2；设置矩形块 Y 轴方向长为 dip_rad * 2；设置矩形块 Z 轴方向长为 gap_src。定义矩形块的属性：Name 为 Source，如图 4 - 18 所示。

图 4 - 18

（2）创建集总端口激励。在操作记录树选中矩形块 Source，再右击菜单进入如图 4 - 19 所示选项。

在 Lumped Port 窗口中将该端口命名为 P1，端口阻抗值为 75 欧姆，如图 4 - 20 所示。

单击 None，在其下拉菜单中选择 New Line...，如图 4 - 21 所示。进入设置积分线的状态，分别在端口的上下边缘的中点位置单击鼠标确定积分线的起点和终点，设置好积分线之后自动回到"端口设置"对话框，此时 None 变成 Defined。

设置好积分线后，接下来的设置如图 4 - 22(a)所示，最后点击确认按钮，结果如图 4 - 22(b)所示。

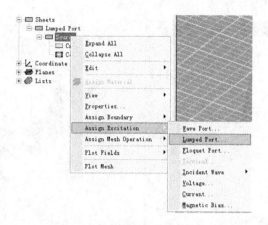

图 4 - 19

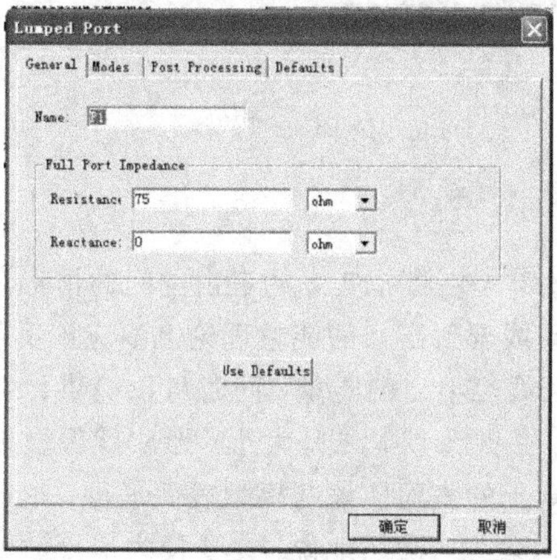

图 4 - 20

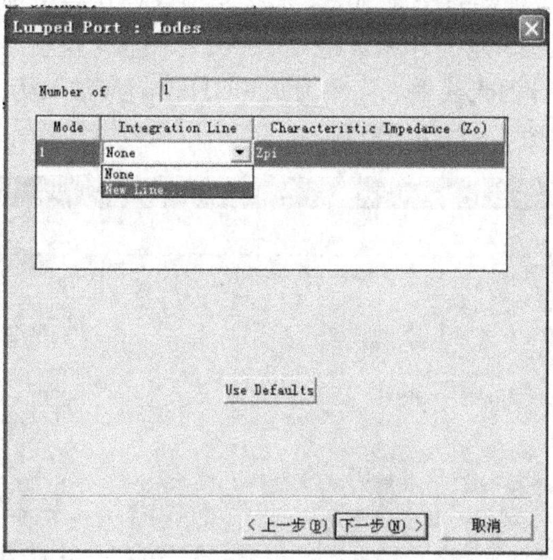

图 4 - 21

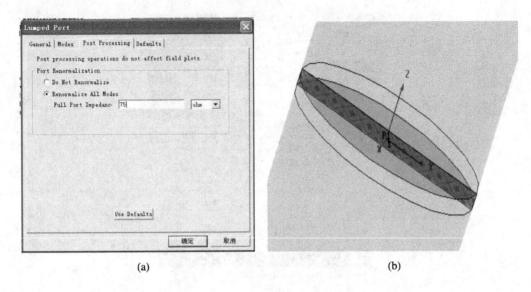

(a)　　　　　　　　(b)

图 4-22

4.3.4　创建空气盒

软件在计算辐射特性时，是在模拟实际的自由空间的情形。类似于将天线放入一个微波暗室。一个在暗室中的天线辐射出去的能量理论上不应该反射回来。在模型中的空气盒子就相当于暗室，它吸收天线辐射出的能量，同时可以提供计算远场的数据。空气盒子的设置一般来说有两个关键：一是形状，二是大小。形状就像微波暗室一样，要求反射尽可能得低，那么就要求空气盒子的表面应该与模型表面平行，这样能保证从天线发出的波尽可能垂直入射到空气盒子内表面，确切地说，是要使大部分波辐射到空气盒子内表面的入射角要小，尽可能少地防止反射的发生。空气盒子大小，理论上来说，盒子越大越接近理想自由空间；极限来说，如果盒子无限大，那么模型就处在一个理想的自由空间中。但是硬件条件不允许盒子太大，越大计算量越大。一般要求空气盒子离开最近的辐射面距离不小于 1/4 波长。所要设计的天线中心频率为 0.6 GHz，对应波长为 500 mm，故所设置圆柱体空气盒的尺寸坐标如图 4-23 所示。

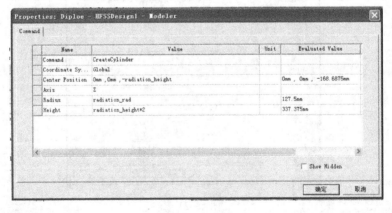

图 4-23

　　设置完毕后,同时按下 Ctrl 和 D 键(Ctrl+D),将视图调整一下后,再将空气盒 air 设置成辐射边界条件。

　　在操作历史树中选中 air,单击鼠标右键,进入 Assign Boundary 选项,如图 4－24 所示。点击 Raditation 选项。此时 HFSS 系统提示为此边界命名,将此边界命名为 air。此时绘图窗口显示如图 4－25 所示。

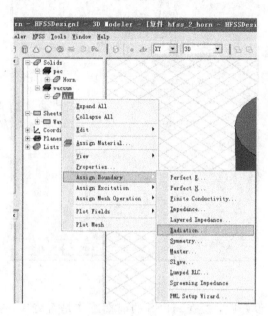

图 4－24

图 4－25

4.3.5　设置求解条件

　　(1) 在 Project 工作区选中 Analysis 项,点击鼠标右键,选择 Add Solution Setup。

这时系统会弹出求解设置对话框，我们把参数设为：求解频率为 0.6 GHz，最大迭代次数为 20，最大误差为 0.02，如图 4-26 所示。

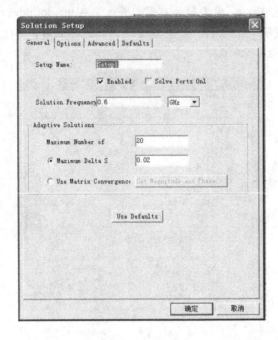

图 4-26

(2) 将求解的条件设好后，检查 HFSS 的前期工作是否完成，在 HFSS 菜单栏下，点击 Validation Check，如图 4-27 所示（或直接点击工具栏 图标）。若没有错误，通过验证，则显示图 4-28 所示。

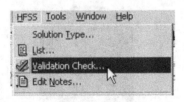

图 4-27

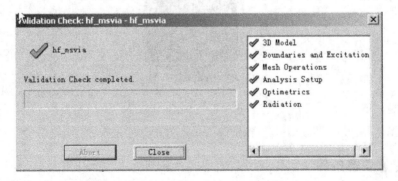

图 4-28

再次选中 Project 工作区的 Analysis；点击鼠标右键，选中 Analyze 即可开始求解。如图 4 - 29 所示。

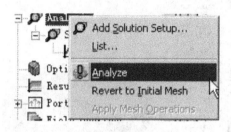

图 4 - 29

4.3.6　天线的 HFSS 仿真结果

经过求解后，来看天线的增益方向图。

(1) 选择菜单项 HFSS/Radiation/Insert Far Field/Setup/Infinite Sphere。

(2) 在跳出窗口中，为了看天线的 3D 增益方向图，选择 Infinte Sphere 标签，设置如下：Phi：(Start：0，Stop：90，Step Size：90)；Theta：(Start：—180，Stop：180，Step Size：2)，如图 4 - 30 所示。

(3) 选择菜单项 HFSS/Results/Create Far Fields Report/3D Polar Plot，在跳出窗口中设置 Solution：Setup1 LastAadptive；Geometry：Infinite Sphere2。点击确认键后，最后该天线 3D 增益方向图如图 4 - 31 所示。

图 4 - 30

(4) 选择菜单项 HFSS/Radiation/Insert Far Field/Setup/Infinite Sphere。

(5) 在跳出的窗口中，为了看天线的 2D 增益方向图，选择菜单项 HFSS＞Results＞Create Far Fields Report＞Radiation Pattern，在跳出窗口中设置 Solution：Setup1 LastAadptive；Geometry：Infinite Sphere2，如图 4 - 32 所示。

在 Families 标签中，将 Phi 设为 0deg，得到 E 面增益方向图如图 4 - 33 所示。

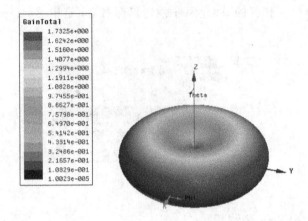

图 4 - 31

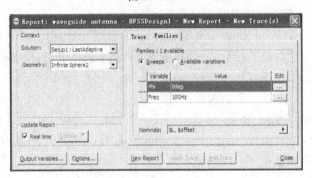

图 4 - 32

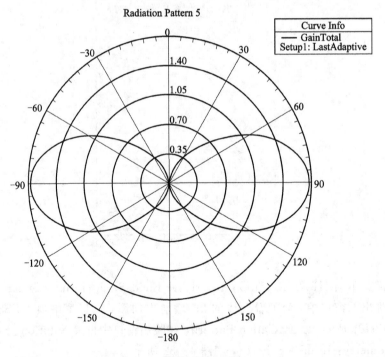

图 4 - 33

～～～～～～～～～～ **课后练习题** ～～～～～～～～～～

1. 设对称振子臂长 l 分别为 $\lambda/2$，$\lambda/4$，$\lambda/8$，若电流为正弦分布，试绘出对称振子上电流分布的示意图。

2. 用尝试法确定半波振子和全波振子 E 面的主瓣宽度。

3. 已知对称振子臂长 $l = 35$ cm，振子臂导线半径 $a = 8.625$ mm，若工作波长 $\lambda = 1.5$ m，试计算该对称振子的输入阻抗的近似值。

4. 在 HFSS 仿真对称振子的实验中，尝试改变对称振子的臂长，以观察方向图的变化。

项目五　用 HFSS 仿真天线阵

❖ 学习目标 ❖

- 理解天线阵的定义。
- 掌握二元天线阵的分析方法。
- 理解方向性增强原理。
- 掌握天线阵乘积定理。
- 知道引向天线的工作原理。
- 掌握引向天线的方向参数。
- 了解电视发射天线的特点。
- 理解电视发射天线的工作原理。
- 掌握电视发射天线的方向参数。

❖ 工作任务 ❖

- 用 HFSS 仿真引向天线。

单一的天线无论在性能上，还是在功能上都是有限的，就像单个人的能力是有限的一样。如果把多个人组成一个团队，其功能往往会大于几个单个人的能力之和。类似地，如果将若干个相同的天线按一定规律排列起来组成天线阵，其功能和性能往往会远大于单一的基本天线。其实我们上个项目所讲的线天线，也可以认为是由无数个电流元组成的天线阵，它的功能显然与单个的电流元天线不同，并且随着不同"阵法"的变换，即天线长度的改变，其方向特性、阻抗特性、频率特性都会随之变化。因此我们可以采用不同的组合来达到要求的性能指标。

本项目的主要内容，是以半波振子作为基本天线，然后由这个基本天线组成不同的天线阵，来达到不同的性能指标。实际天线阵中的基本天线，还可以是微带天线、面天线，甚至可以是天线阵，即用天线阵组成更大的天线阵。

5.1　天　线　阵

在通信系统中，特别是在点对点的通信系统中，要求天线有相当强的方向性，即天线能将绝大部分能量集中向某一预定方向辐射，然而由项目四中的讨论可知，单一的对称天线随着对称天线臂的电长度 l/λ 的增大，其方向图的主瓣变窄，方向性会变好，然而当 l/λ

＞0.5 时，天线上就会出现反向电流，使得主瓣变小，副瓣增大，方向性变差。如图 5-1 所示。所以单靠增加天线的长度来提高其方向性是不可行的，解决的办法是使用天线阵列。

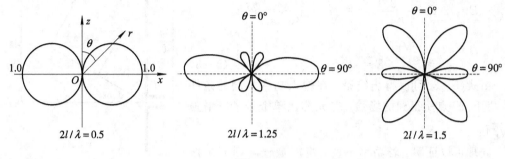

图 5-1

5.1.1　天线阵原理

天线阵的作用就是用来增强天线的方向性，提高天线的增益系数，或者为了得到所需的方向特性。所谓天线阵，就是将若干个相同的天线按一定规律排列起来组成的天线阵列系统。组成天线阵的独立单元称为天线单元或阵元。阵元可以是任何类型的天线，可以是对称振子、缝隙天线、环天线或其他形式的天线。但同一天线阵的阵元类型应该是相同的，且在空间摆放的方向也相同。因阵元在空间的排列方式不同，天线阵可组成直线阵列、平面阵列、空间阵列（立体阵列）等多种不同的形式。还有一种称为"共形阵"，即阵元配置在飞机或导弹实体的表面上，与飞行器表面共形。

天线阵的辐射特性取决于阵元的类型、数目、排列方式、阵元间距以及阵元上电流的振幅和相位分布。天线阵的辐射场是各个天线元所产生电磁场的矢量叠加。下面证明，把能量分配到多个天线单元组成的天线阵上去，可以使方向性增强。

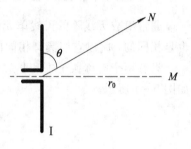

图 5-2

首先以两个半波振子为例，说明方向性增强原理。先讨论只有振子 I 的情况，如图 5-2 所示：

若振子 I 的输入功率为 P_A、输入电阻为 R_A，则输入电流为

$$I_A = \sqrt{\frac{2P_A}{R_A}} \qquad (5-1)$$

在与振子轴垂直而相距 r_0 的 M 点的场强为 E_0，由

$$E_\theta = j\frac{60I_m}{r_0}\left[\frac{\cos(\beta l\ \cos\theta) - \cos(\beta l)}{\sin\theta}\right]e^{-j\beta r_0}$$

可知，E_0 与输入电流成正比。我们把它写成 $E_0 = AI_A$，其中，A 是一个与电流无关的比例系数。将式(5-1)代入 $E_0 = AI_A$ 得

$$E_0 = A\sqrt{\frac{2P_A}{R_A}} \qquad (5-2)$$

再讨论两个振子的情况。如再增加一个振子 II，如图 5-3 所示，使振子上的总功率仍

为 P_A，但平分给两个振子，并且假设两振子相距较远、彼此耦合影响可以忽略，则此时 M 点的场强为

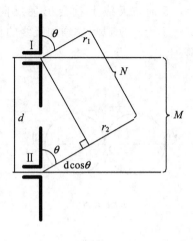

$$E = 2A\sqrt{\frac{2\left(\frac{P_A}{2}\right)}{R_A}} = A\sqrt{2 \cdot \frac{2P_A}{R_A}} = \sqrt{2}E_0$$

即

$$E = \sqrt{2}E_0 \qquad (5-3)$$

由式(5-3)可以得出结论：在输入功率相同的条件下，远区 M 点所得到的场强，二元阵比单个振子时增强了 $\sqrt{2}$ 倍。

同理可以证明：若功率不变，将能量分配到 n 个振子上，则场强将增加为 $\sqrt{n}$ 倍，即 $E = \sqrt{n}E_0$。

图 5-3

应当注意的是，电场增强为 $\sqrt{n}$ 倍只是对正前方 M 点而言，在其他方向上就要具体分析了。如果讨论上图的 N 点方向，当两射线的行程差为 $d\cos\theta = \lambda/2$ 时，其引起的相位差将为 π，这表示两振子到达该点的场强等值反相，合成场为零。所以说把能量分配到各振子上去以后，方向性可以增强的根本原因是由于各振子的场在空间相互干涉，结果使某些方向的辐射增强，另一些方向的辐射减弱，从而使主瓣变窄。

以上关于两个半波振子的讨论和光的双缝干涉的相关原理非常相似，可以参考相关资料以帮助理解。

5.1.2 二元阵的方向特性

通常组成天线阵的天线单元的类型、结构、形状与尺寸相同，在空间放置方向(取向)也是相同的，所以它们具有相同的方向性函数。

设有两个对称振子Ⅰ和Ⅱ放置于 x 轴上，间距为 d，且空间取向一致(平行于 z 轴)，如图 5-4 所示。

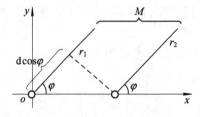

图 5-4

其电流分别为 I_{1m} 和 I_{2m}，且 $I_{2m} = mI_{1m}e^{j\psi}$。此式表明天线Ⅱ上电流的振幅是天线Ⅰ上电流的 m 倍，而相位超前于天线Ⅰ电流的相角为 ψ。这时空间任一点 M 的辐射场是两振子辐射场的矢量和。对于远区观察点 M，射线 $r_1 \parallel r_2$，φ 为观察方向与阵轴(天线单元中点连线)的夹角。

两射线的路程差为：$r_2 = r_1 - d\cos\varphi$，由此而引起的波程差为：$r_1 - r_2 = d\cos\varphi$。

两天线空间取向一致，类型、尺寸相同，这意味着天线Ⅰ和天线Ⅱ在观察点产生的电

场矢量 E_1 和 E_2 近似同方向，且相应的方向性函数相等，即

$$f_1(\theta, \varphi) = f_2(\theta, \varphi)$$

式中，$f_1(\theta, \varphi)$ 表示单元天线的方向性函数，也称为单元天线的自因子，此处为对称振子的方向性函数，即

$$f_1(\theta, \varphi) = \frac{\cos(\beta l \cos\theta) - \cos(\beta l)}{\sin\theta} \tag{5-4}$$

天线 I 在远区 M 点处产生的场强为

$$E_1 = j\frac{60 I_{1m}}{r_1} \cdot \frac{\cos(\beta l \cos\theta) - \cos(\beta l)}{\sin\theta} \cdot e^{-j\beta r_1} = j\frac{60 I_{1m}}{r_1} \cdot f_1(\theta, \varphi) \cdot e^{-j\beta r_1} \tag{5-5}$$

在赤道面中，$\theta = 90°$，则此时 $f_1(\theta, \varphi) = 1 - \cos(\beta l)$ 为单元天线在赤道面的方向性函数。所以

$$E_1 = j\frac{60 I_{1m}}{r_1} \cdot [1 - \cos(\beta l)] \cdot e^{-j\beta r_1} = j\frac{60 I_{1m}}{r_1} \cdot f_1(\varphi) \cdot e^{-j\beta r_1} \tag{5-6}$$

同理天线 II 在远区 M 点处产生的场强为

$$E_2 = j\frac{60 I_{2m}}{r_2} \cdot f_2(\varphi) \cdot e^{-j\beta r_2} \tag{5-7}$$

因此，在远区 M 点的合成场强为 $E = E_1 + E_2$，即：

$$E = j\frac{60 I_{1m}}{r_1} \cdot f_1(\varphi) \cdot e^{-j\beta r_1}[1 + m e^{j(\psi + \beta d \cos\varphi)}] = E_1 \cdot (1 + m e^{j(\psi + \beta d \cos\varphi)})$$

$$= E_1(1 + m e^{j(\psi + \beta d \cos\varphi)}) = E_1(1 + m e^{j\xi}) \tag{5-8}$$

这是二元阵辐射场的一般形式。式中，$\xi = \psi + \beta d \cos\varphi$ 代表两天线单元辐射场的相位差，即天线 II 相对于天线 I 在 M 点的辐射场总的领先相位，它是波程差引起的相位差和激励电流相位差之和。

由此可见，天线阵的合成场由两部分相乘得到：第一部分 E_1 是天线阵元 I 在 M 点产生的场强，它只与天线阵元的类型、尺寸和取向有关，即与天线阵元的方向性函数即自因子有关，也称为元函数；第二部分 $(1 + m e^{j\xi})$ 取决于两天线间的电流比（包括振幅比 m 与相位 ψ）以及相对位置 d，与天线的类型、尺寸无关，称为阵因子。合成场的模值，即合成场的振幅为

$$|E| = \frac{60 I_{1m}}{r_1} f_1(\varphi) \cdot \sqrt{1 + m^2 + 2m \cos\xi} = \frac{60 I_{1m}}{r_1} f_1(\varphi) f(\varphi) \tag{5-9}$$

其中：$f(\varphi) = \sqrt{1 + m^2 + 2m \cos\xi}$ 称为阵因子或阵函数。

对应的二元阵合成场在赤道面的方向性函数为

$$F(\varphi) = \frac{|E|}{|E_{\max}|} = \frac{|E|}{\dfrac{60 I_{1m}}{r_1}} = f_1(\varphi) f(\varphi) \tag{5-10}$$

式(5-10)中，自因子 $f_1(\varphi) = 1 - \cos(\beta l)$ 为单元天线在赤道面的方向性函数。

$$f(\varphi) = \sqrt{1 + m^2 + 2m \cos(\psi + \beta d \cos\varphi)} \tag{5-11}$$

称为二元阵的阵因子。$f(\varphi)$ 由天线间的间距 d、两天线电流的比 m、ψ 来决定，而与单元天线的尺寸、电流大小无关。当 d、m 和 ψ 确定后，便可确定出阵因子 $f(\varphi)$ 和天线阵的方向

性函数 $F(\varphi)$。

用同样的分析方法可推导出二元阵在子午面的方向性函数为(要注意:在子午面中,两射线的行程差是: $r_1 - r_2 = \mathrm{d}\sin\theta$)

$$F(\theta) = f_1(\theta) \cdot f(\theta)$$

其中,自因子为

$$f_1(\theta) = \frac{\cos(\beta l \cos\theta) - \cos(\beta l)}{\sin\theta} \tag{5-12}$$

阵因子为

$$f(\theta) = \sqrt{1 + m^2 + 2m\cos(\psi + \beta \mathrm{d}\cos\theta)} \tag{5-13}$$

则 E 面的总方向性函数为 $F(\theta) = f_1(\theta) \cdot f(\theta)$。由以上结果仍可得到上述结论,即二元阵的方向性函数无论是在赤道面内还是在子午面内,均为单元天线的方向性函数与阵因子的乘积。

结果表明,由相同天线单元构成的天线阵的总方向性函数(或方向图),等于单个天线元的方向性函数(或方向图)与阵因子(方向图)的乘积,这是阵列天线的一个重要定理——方向性乘积定理。

由上述分析可得出方向性乘积定理的一般式

$$F(\theta, \varphi) = f_1(\theta, \varphi) \cdot f(\theta, \varphi)$$

在应用方向性乘积定理时应注意以下几点:

(1) 只有各天线单元方向性函数相同时才能应用方向性乘积定理。天线单元方向性函数要相同,除要求阵列中天线单元结构、形式相同以外,还要求天线单元排列方向相同。

(2) 阵因子函数只与阵列的构成情况(如 d、m、ψ 等)有关,而与天线阵元的形式无关。也就是说,无论天线单元是对称阵子、缝隙天线、螺旋天线还是喇叭天线甚至是另外的阵列天线都没有关系,只要它们的组成情况相同(d、m、ψ 相同),它们的阵函数的表示式都相同。

(3) 虽然这里是用二元阵导出的方向性乘积定理,但这一定理同样可以应用于多元阵。

(4) 若令自因子 $f_1(\theta, \varphi) = 1$,即阵元为无方向性点源时,$F(\theta, \varphi) = f(\theta, \varphi)$,即整个天线阵列的方向函数就等于阵因子。

[例 5-1] 试求两个沿 x 方向排列、间距 d 为 $\lambda/2$ 且平行于 z 轴放置的对称半波振子天线在电流为等幅同相激励时的 H 面方向图。

解:由题意知 $d = \lambda/2$,$\psi = 0$,$m = 1$,$2l = \lambda/2$,将其代入相应公式(5-11),得二元阵的 H 面方向性函数 $f_1(\varphi) = 1 - \cos(\beta l) = 1$ 为常数,所以单元天线为无方向性的点源,其方向性函数的图形为一个圆。

$$\begin{aligned} f(\varphi) &= \sqrt{1 + m^2 + 2m\cos(\psi + \beta \mathrm{d}\cos\varphi)} \\ &= \sqrt{1 + 1 + 2\cos(\beta \mathrm{d}\cos\varphi)} = 2\cos\left(\frac{\beta \mathrm{d}\cos\varphi}{2}\right) \end{aligned} \tag{5-14}$$

因 $F(\varphi) = f_1(\varphi) \cdot f(\varphi)$,而 $f_1(\varphi) = 1$,所以整个天线阵的方向函数就等于阵因子方向函数。

将已知条件代入式(5-14)得

$$F(\varphi) = 2 \cos\left(\frac{\pi}{2}\cos\varphi\right) \qquad\qquad (5-15)$$

根据式(5-15)画出 H 面的方向图如图 5-5 所示。

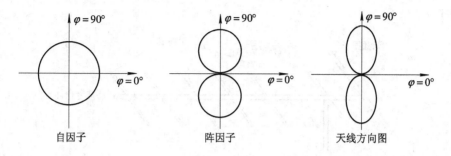

自因子　　　　　　　阵因子　　　　　　天线方向图

图 5-5

在实际应用中，用对称单元天线组成的二元阵，往往满足不了方向性的要求。为了得到较强的方向性，可以采用多元阵。多元阵的单元天线按一定方式排列，利用方向性乘积原理，可以增强某些方向的辐射，相应地减弱另一些方向的辐射。其中比较常见的多元阵排列方式是直线排列，这点也非常类似于光的多缝干涉原理。

5.1.3　均匀直线式天线阵

在许多无线电系统中，用对称单元天线组成的二元阵，往往满足不了方向性的要求。为了得到较强的方向性，可以采用多元阵。多元阵的单元天线按一定方式排列，利用方向性乘积原理，可以增强某些方向的辐射，相应地减弱另一些方向的辐射。

下面我们讨论一种具有实用价值的简单天线阵，即均匀直线式天线阵。

均匀直线式天线阵的条件是：在这种天线阵中，各天线单元电流的幅度相等，相位以均匀比例递增或递减，而且以相等间距 d 排列在一直线上。

n 元均匀直线式天线阵，其相邻单元的间距均为 d，各电流的相位差为 ψ，即 $I_1 = I$，$I_2 = I\mathrm{e}^{-\mathrm{j}\psi}$，$I_3 = I\mathrm{e}^{-\mathrm{j}2\psi}$，$\cdots$，$I_n = I\mathrm{e}^{-\mathrm{j}(n-1)\psi}$。

两种特殊情况的均匀直线阵：

1）边射式天线阵

最大辐射方向与天线阵轴线互相垂直的天线称为边射式天线阵或侧射式天线阵。

构成边射式天线阵的条件是：该天线阵的相邻天线单元的电流相位相同，即 $\psi = 0$。

2）端射式天线阵

在实践中，有时需要使天线阵的最大辐射方向指向沿天线阵轴线的方向，即 $\varphi_{\max} = 0°$，这样的天线阵就叫端射式天线阵。构成端射阵的条件是：天线阵的相邻天线单元的电流相位差 $\psi = \beta d$。

5.2　引　向　天　线

引向天线又称为八木天线，是由日本人八木和宇田在 1927 年研制发明的，它广泛应用于米波和分米波通信系统以及雷达、电视和其他无线通信系统中。引向天线的结构如图

5-6所示,它由三部分组成,即由一个有源振子(通常为半波振子或半波折合振子)、一个反射器(通常为略长于半波振子的无源振子)和若干引向器(分别为略短于半波振子的无源振子)平行排列构成。除了有源振子是通过馈线与信号源或接收机相连外,其余振子均为无源振子。

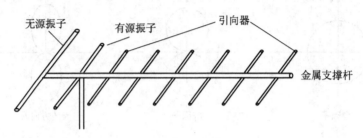

图 5-6

由于各无源振子中点均为电压波节点,因此这些振子的中点电位均为零,所以无源振子的中点可直接短路,固定在金属支撑杆上,金属支撑杆与振子垂直,所以在金属支撑杆上不会激励起沿杆的纵向电流,也不参与辐射。金属支撑杆仅起到机械支撑作用,对天线的电性能几乎没有什么影响。

引向天线的最大辐射方向在垂直于各振子方向上,且由有源振子指向引向器,所以,它是一种端射式天线阵。

引向天线的优点是:结构简单、牢固,馈电方便,易于操作,成本低,风载荷小,方向性较强,体积小。

引向天线的主要缺点是:工作频带窄。

5.2.1　引向天线的工作原理

由前面讨论可知,天线阵可以增强天线的方向性,而改变各单元天线的电流振幅比可以改变方向图的形状,以获得所要的方向性。引向天线实际上也是一个天线阵,与前面介绍的天线阵相比不同的是,引向天线只对其中的一个振子馈电,其余振子则是靠与馈电振子之间的近场耦合所产生的感应电流来获得激励,而感应电流的大小取决于各振子的长度及其间距。因此,调整各振子的长度及间距可以改变各振子之间的电流振幅比,从而达到控制天线方向性的目的。

研究表明,改变无源振子的长度及其与有源振子的间距,就可以获得我们所需要的方向性。一般情况下,有源振子的长度为半个波长,称半波振子。

当无源振子与有源振子的间距$d<0.25\lambda$时,无源振子的长度略短于有源振子的长度,由于无源振子电流I_2相位滞后于有源振子I_1,故二元引向天线的最大辐射方向偏向无源振子的所在方向。此时,无源振子具有引导有源振子辐射场的作用,故称为引向器。反之,当无源振子的长度长于有源振子的长度时,无源振子的电流相位超前于有源振子,故二元引向天线的最大辐射方向偏向有源振子所在的方向。在这种情况下,无源振子具有反射有源振子辐射场的作用,故称为反射器。因此,在超短波天线中,通过改变无源振子的长度$2l_2$以及它与有源振子的间距d来调整它们的电流振幅比m和相位差ψ,就可以达到改变引向天线的方向图的目的。

一般情况下，当只改变无源振子的长度 $2l_2$ 时，无源振子与有源振子的间距取 $d=(0.15\sim0.23)\lambda$；当无源振子作为引向器时，其振子长度取为 $2l_2=(0.42\sim0.46)\lambda$。当无源振子作为反射器时，其振子长度取为 $2l_2=(0.50\sim0.55)\lambda$。还可以只调节无源振子与有源振子的间距 d，即当无源振子作为引向器时，取间距 $d=(0.23\sim0.3)\lambda$；当无源振子作为反射器时，取间距 $d=(0.15\sim0.23)\lambda$。

5.2.2　引向天线的设计

引向天线的设计主要是根据给定天线的增益、主瓣宽度、半功率角、前后辐射比和工作的频带宽度来计算天线的目数、振子的长度以及它们之间的距离。这些尺寸对引向天线的性能都有影响，而且各项指标对尺寸的要求可能是相互矛盾的。当天线增益最佳时，天线的输入阻抗很低，频带也不宽，要想增加频带宽度和获得合适的输入阻抗，就得降低增益。所以，在设计天线时，需要在各项指标中寻求最佳方案。

工程上，一般是利用近似公式、曲线图表和经验数据进行初步设计，然后通过实验（或者仿真），反复调整，直到最后满足设计要求。

例如，设计一副增益为 12 dB 的引向天线的步骤为：

(1) 确定振子的个数 N。由图 5-7 所示的 $G-N$ 关系曲线图查得当 $G=12$ dB 时，$N=8$，即需 8 个单元振子（包括 1 个有源振子，1 个反射器和 6 个引向器）。

(2) 确定天线的总长度 L（即支撑杆的长度）。由图 5-8 所示的 $L/\lambda-N$ 的关系曲线图查得当 $N=8$ 时，可以初步确定天线的 $L/\lambda=1.8$。进而确定 L 的长度。

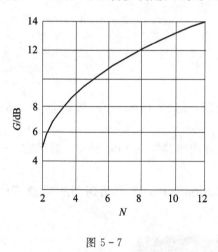

图 5-7

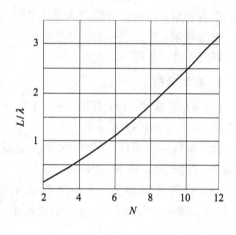

图 5-8

(3) 确定振子长度 l 和间距 d。

反射器与引向器通常均采用单线振子。反射器的长度一般稍长于有源振子，即 $2l/\lambda$ 在 $0.5\sim0.55$ 之间。引向器的长度略短于有源振子，即 $2l/\lambda$ 在 $0.4\sim0.44$ 之间。引向器越多，引向器的长度越短。当引向器数量很多时，它们的长度有不同的组合方案：可以是全部等长（但间距不同）；也可以是随着与有源振子距离的加大，长度逐渐减小。

单元间距的选择要同时从方向特性和阻抗特性两方面考虑。实验结果表明，引向器与有源振子的间距 d_i 较大时，方向图的主瓣较窄、增益较高，输入阻抗较高，天线的阻抗频带较宽，但副瓣较大，易接收干扰信号。但当 $d_i>0.4\lambda$ 时，增益开始下降，故间距不宜太大。如果间距过小，振子间的互耦增大，有源振子的输入阻抗随频率的变化剧烈（说明带宽变窄）且电阻的数值变小，会影响到天线和馈线间的匹配，因此 d_i 取值不应小于 0.1λ。综上所述，d_i 的取值范围为$(0.1\sim0.4)\lambda$。通常，除第一引向器外，其他引向器按等间距排列。实际应用中也有采用不等间距的，其原则是距主振子越远的引向器与相邻单元之间的距离越大。

反射器与有源振子的距离 d_r 对天线方向图的前后比和输入阻抗的影响较大。d_r 的取值范围为$(0.15\sim0.31)\lambda$。当 d_r 值较小$(d_r=(0.15\sim0.17)\lambda)$时，后瓣电平低，方向图的前后辐射比较高，但天线的阻抗频带较窄，天线的输入电阻也较低。当 $d_r=(0.2\sim0.31)\lambda$ 时，后瓣电平高，方向图的前后辐射比较小，但天线的阻抗频带较宽，输入电阻也较高，便于和常用电缆匹配。当反射器不用单根导线，而用由多根导线构成的栅状平面或曲面代替时，可改善天线的前后辐射比。

无源振子数量较少时，为取得最佳组合，它们的长度和间距常常各不相同；无源振子数量较多（如 6 个以上）时，全部引向器常做成等长等间距，但其中第一个引向振子与有源振子的间距 d' 取的较小一些，与其他引向振子间的间距 d 的关系为$d'=(0.6\sim0.7)d$。

可调整引向器的间距 d（一般取$(0.15\sim0.27)\lambda$）。若 d 取值较大，则增益高，方向性尖锐，但是副瓣也高，易接收干扰信号，且纵向尺寸长，支撑复杂。第一根引向器距有源振子的间距 d_2 取得小些（一般取$(0.1\sim0.15)\lambda$），这样有利于加宽频带。

5.2.3　在 HFSS 中仿真引向天线

任务要求：仿真计算引向天线的特性参数。

设备要求：计算机一台、HFSS 软件。

HFSS 设计步骤

1. 初始步骤

（1）打开软件 AnsoftHFSS。点击 Start 按钮，选择 Program，然后选择 Ansoft/HFSS11，点击 HFSS11。

（2）新建一个项目。在窗口中，点击新建，或者选择菜单项 File/New，然后在 Project 菜单中，选择 InsertHFSSDesign。

（3）设置求解类型。点击菜单项 HFSS/SolutionType，在跳出窗口中选择 DrivenModal，如图 5-9 所示。再点击 OK 按钮。

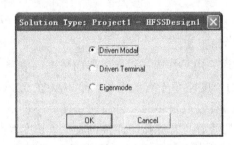

图 5-9

（4）为建立模型设置单位为 mm，如图 5-10 所示。

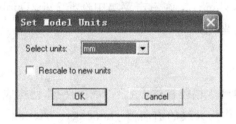

图 5-10

2. 创建 3D 模型

（1）绘制棍状圆柱体作为天线的反射器 fanshe。

选择菜单项 Draw/Cylinder，先绘制一个任意尺寸的圆柱体。

在操作记录树中找到 CreateCylinder 双击，再在跳出的如图 5-11 所示的窗口中：

设置圆柱体中心点坐标为 -5 mm，0 mm，-48 mm；设置轴 Axis 为 X；设置圆柱体半径为 2.5 mm；设置圆柱体高度为 -75 mm；定义圆柱体的属性：Name 为 fanshe，Transport 项为 0.8。

选中刚才画的圆柱体 fanshe，在右击菜单中选择 Edit/Duplicate/Mirror，在窗口右下角坐标输入栏中输入如下坐标：

X：0，Y：0，Z：0

dX：5，dY：0，dZ：0

这样经镜像复制又得到 1 根圆柱体，上下 2 根圆柱体就构成了天线的反射器。

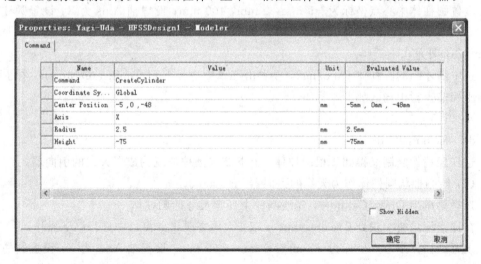

图 5-11

（2）绘制棍状圆柱体作为天线的有源振子 zhenzi1。

选择菜单项 Draw/Cylinder，先绘制一个任意尺寸的圆柱体。

在操作记录树中找到 CreateCylinder 双击，再在跳出的窗口中进行以下操作：

设置圆柱体中心点坐标为 -6 mm，0 mm，0 mm；设置轴 Axis 为 X；设置圆柱体半径为 2.5 mm；设置圆柱体高度为 -65 mm；定义圆柱体的属性：Name 为 zhenzi1，Transport

项为 0.8。

选中刚才画的圆柱体 zhenzi1，在右击菜单中选择 Edit/Duplicate/Mirror，在窗口右下角坐标输入栏中输入如下坐标：

X：0，Y：0，Z：0

dX：5，dY：0，dZ：0

这样经镜像复制又得到 1 根圆柱体，上下 2 根圆柱体就构成了天线的有源振子。

（3）绘制棍状圆柱体作为天线的引向器 yinxiang1。

选择菜单项 Draw/Cylinder，先绘制一个任意尺寸的圆柱体。

在操作记录树中找到 CreateCylinder 双击，再在跳出的窗口中进行以下操作：

设置圆柱体中心点坐标为 −5 mm，0 mm，50 mm；设置轴 Axis 为 X；设置圆柱体半径为 2.5 mm；设置圆柱体高度为 −55 mm；定义圆柱体的属性：Name 为 yinxiang1，Transport 项为 0.8。

选中刚才画的圆柱体 yinxiang1，在右击菜单中选择 Edit/Duplicate/Mirror，在窗口右下角坐标输入栏中输入如下坐标：

X：0，Y：0，Z：0

dX：5，dY：0，dZ：0

这样经镜像复制又得到 1 根圆柱体，上下 2 根圆柱体就构成了天线的引向器。

（4）绘制棍状圆柱体作为天线的引向器 yinxiang2。

选择菜单项 Draw/Cylinder，先绘制一个任意尺寸的圆柱体。

在操作记录树中找到 CreateCylinder 双击，再在跳出的窗口中进行以下操作：

设置圆柱体中心点坐标为 −5 mm，0 mm，100 mm；设置轴 Axis 为 X；设置圆柱体半径为 2.5 mm；设置圆柱体高度为 −55 mm；定义圆柱体的属性：Name 为 yinxiang2，Transport 项为 0.8。

选中刚才画的圆柱体 yinxiang2，在右击菜单中选择 Edit/Duplicate/Mirror，在窗口右下角坐标输入栏中输入如下坐标：

X：0，Y：0，Z：0

dX：5，dY：0，dZ：0

这样经镜像复制又得到 1 根圆柱体，上下 2 根圆柱体就构成了天线的引向器。

（5）绘制棍状圆柱体作为天线的引向器 yinxiang3。

选择菜单项 Draw/Cylinder，先绘制一个任意尺寸的圆柱体。

在操作记录树中找到 CreateCylinder 双击，再在跳出的窗口中进行以下操作：

设置圆柱体中心点坐标为 −5 mm，0 mm，150 mm；设置轴 Axis 为 X；设置圆柱体半径为 2.5 mm；设置圆柱体高度为 −55 mm；定义圆柱体的属性：Name 为 yinxiang3，Transport 项为 0.8。

选中刚才画的圆柱体 yinxiang3，在右击菜单中选择 Edit/Duplicate/Mirror，在窗口右下角坐标输入栏中输入如下坐标：

X：0，Y：0，Z：0

dX：5，dY：0，dZ：0

这样经镜像复制又得到 1 根圆柱体，上下 2 根圆柱体就构成了天线的引向器。

（6）绘制棍状圆柱体作为天线的引向器 yinxiang4。

选择菜单项 Draw/Cylinder，先绘制一个任意尺寸的圆柱体。

在操作记录树中找到 CreateCylinder 双击，再在跳出的窗口中进行以下操作：

设置圆柱体中心点坐标为 −5 mm，0 mm，200 mm；设置轴 Axis 为 X；设置圆柱体半径为 2.5 mm；设置圆柱体高度为 −55 mm；定义圆柱体的属性：Name 为 yinxiang4，Transport 项为 0.8。

选中刚才画的圆柱体 yinxiang4，在右击菜单中选择 Edit/Duplicate/Mirror，在窗口右下角坐标输入栏中输入如下坐标：

X：0，Y：0，Z：0

dX：5，dY：0，dZ：0

这样经镜像复制又得到 1 根圆柱体，上下 2 根圆柱体就构成了天线的引向器。

（7）绘制棍状圆柱体作为天线的引向器 yinxiang5。

选择菜单项 Draw/Cylinder，先绘制一个任意尺寸的圆柱体。

在操作记录树中找到 CreateCylinder 双击，再在跳出的窗口中进行以下操作：

设置圆柱体中心点坐标为 −5 mm，0 mm，250 mm；设置轴 Axis 为 X；设置圆柱体半径为 2.5 mm；设置圆柱体高度为 −55 mm；定义圆柱体的属性：Name 为 yinxiang5，Transport 项为 0.8。

选中刚才画的圆柱体 yinxiang5，在右击菜单中选择 Edit/Duplicate/Mirror，在窗口右下角坐标输入栏中输入如下坐标：

X：0，Y：0，Z：0

dX：5，dY：0，dZ：0

这样经镜像复制又得到 1 根圆柱体，上下 2 根圆柱体就构成了天线的引向器。

（8）绘制棍状圆柱体作为天线的引向器 yinxiang6。

选择菜单项 Draw/Cylinder，先绘制一个任意尺寸的圆柱体。

在操作记录树中找到 CreateCylinder 双击，再在跳出的窗口中进行以下操作：

设置圆柱体中心点坐标为 −5 mm，0 mm，300 mm；设置轴 Axis 为 X；设置圆柱体半径为 2.5 mm；设置圆柱体高度为 −55 mm；定义圆柱体的属性：Name 为 yinxiang6，Transport 项为 0.8。

选中刚才画的圆柱体 yinxiang6，在右击菜单中选择 Edit/Duplicate/Mirror，在窗口右下角坐标输入栏中输入如下坐标：

X：0，Y：0，Z：0

dX：5，dY：0，dZ：0

这样经镜像复制又得到 1 根圆柱体，上下 2 根圆柱体就构成了天线的引向器。

（9）绘制棍状圆柱体作为天线的引向器 yinxiang7。

选择菜单项 Draw/Cylinder，先绘制一个任意尺寸的圆柱体。

在操作记录树中找到 CreateCylinder 双击，再在跳出的窗口中进行以下操作：

设置圆柱体中心点坐标为－5 mm，0 mm，350 mm；设置轴 Axis 为 X；设置圆柱体半径为 2.5 mm；设置圆柱体高度为－55 mm；定义圆柱体的属性：Name 为 yinxiang7，Transport 项为 0.8。

选中刚才画的圆柱体 yinxiang7，在右击菜单中选择 Edit/Duplicate/Mirror，再在窗口右下角坐标输入栏中输入如下坐标：

X：0，Y：0，Z：0

dX：5，dY：0，dZ：0

这样经镜像复制又得到 1 根圆柱体，上下 2 根圆柱体就构成了天线的引向器。

(10) 绘制长方体作为天线的支撑杆 zhichenggan。

选择菜单项 Draw/Box，先绘制一个任意尺寸的圆柱体。

再在操作记录树中找到 CreateBox 双击，再在跳出如图 5－12 所示的窗口中设置如下：

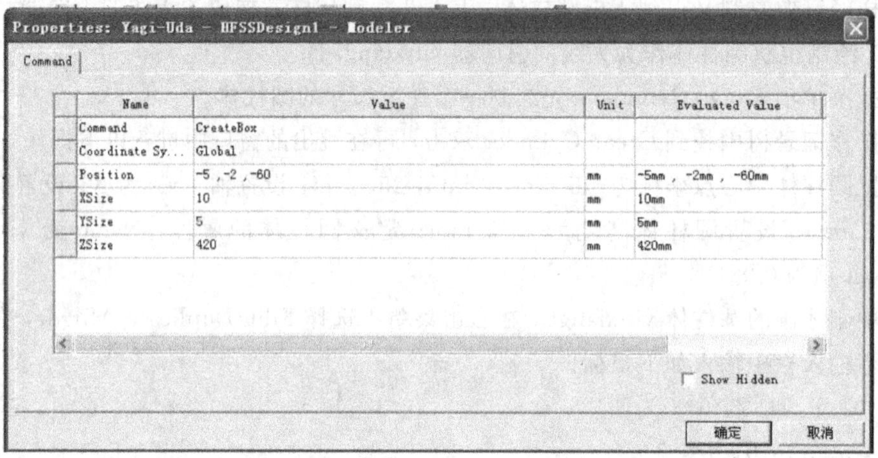

图 5－12

(11) 给天线模型设置材料特性。

在操作历史树中同时选中前面所画天线的支撑杆、反射器、有源振子、6 个引向器，单击鼠标右键，进入 Properties 选项，我们把天线模型材料属性 Material 设置为理想导体 pec，如图 5－13 所示。

(12) 绘制矩形块作为天线的馈电端口。

选择菜单项 Draw/Rectangle，绘制一个任意尺寸的矩形块，再在操作记录树中找到 CreateRectangle 双击，再在跳出的如图 5－14 所示的窗口中：

设置矩形块左上角顶点坐标为 6 mm，－2.3 mm，2 mm；设置轴 Axis 为 Y；设置矩形块 X 轴方向长为－12 mm；设置矩形块 Z 轴方向长为－4 mm。定义矩形块的属性：Name 为 Source。

接下来是创建集总端口激励。

在操作记录树选中矩形块 Source，再右击菜单进入如图 5－15 所示的选项。

在跳出来如图 5－16 所示的 LumpedPort 窗口中将该端口命名为 LumpPort1，端口阻抗值为 50 欧姆。

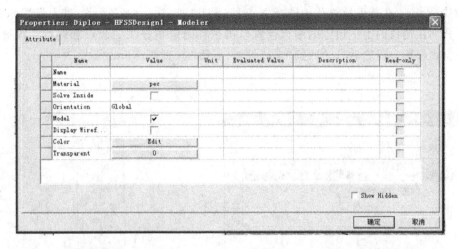

图 5 - 13

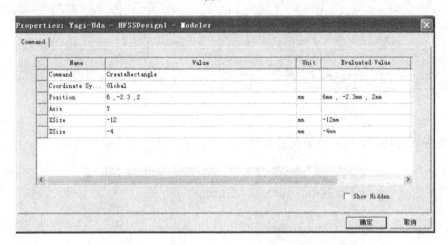

图 5 - 14

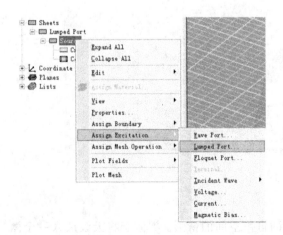

图 5 - 15

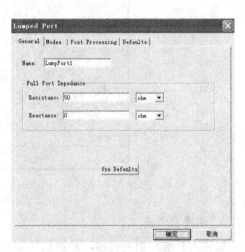

图 5 - 16

单击 None，在其下拉菜单中选择 NewLine...，如图 5-17 所示。进入设置积分线的状态，分别在端口的上下边缘的中点位置单击鼠标确定积分线的起点和终点，如图 5-18 所示。设置好积分线之后自动回到"端口设置"对话框，此时 None 变成 Defined。

图 5-17

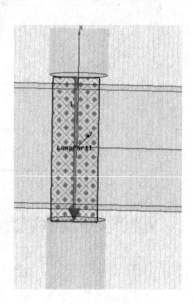

图 5-18

设置好积分线后，接下来的设置如图 5-19 所示，最后点击确认键。

图 5-19

3. 创建空气盒

软件在计算辐射特性时，是在模拟实际的自由空间的情形。类似于将天线放入一个微波暗室。一个在暗室中的天线辐射出去的能量理论上不应该反射回来。在模型中的空气盒子就相当于暗室，它吸收天线辐射出的能量，同时可以提供计算远场的数据。空气盒子的设置一般来说有两个关键：一个是形状，另一个是大小。形状就像微波暗室一样，要求反射尽可能得低，那么就要求空气盒子的表面应该与模型表面平行，这样能保证从天线发出的波尽可能垂直入射到空气盒子内表面，确切地说，是要使大部分波辐射到空气盒子的内表面入射角要小，尽可能少地防止反射的发生。空气盒子大小，理论上来说，盒子越大越接近理想自由空间；极限来说，如果盒子无限大，那么模型就处在一个理想自由空间中。但是硬件条件不允许盒子太大，越大计算量越大。一般要求空气盒子离开最近的辐射面距离不小于 1/4 波长。我们所要设计的天线中心频率为 1 GHz，对应波长为 0.3 m，故我们所设置圆柱体空气盒，尺寸坐标如图 5-20 所示：

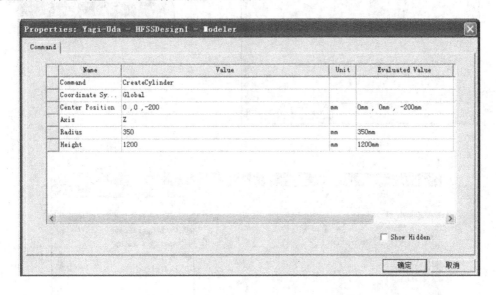

图 5-20

设置完毕后，同时按下 Ctrl 和 D 键(Ctrl+D)，将视图调整一下后，再将空气盒 air 设置成辐射边界条件；

在操作历史树中选中 air，单击鼠标右键，进入 Assign Boundary 选项，点击 Radiation 选项。此时 HFSS 系统提示你为此边界命名，我们把此边界命名为 air。

4. 设置求解条件

(1) 在 Project 工作区选中 Analysis 项，点击鼠标右键，选择 Add Solution Setup。

这时系统会弹出求解设置对话框，我们把参数设为：

求解频率为 1 GHz，最大迭代次数为 20，最大误差为 0.02，如图 5-21 所示。

(2) 将求解的条件设好后，我们来看看 HFSS 的前期工作是否出现错误，在 HFSS 菜单下，点击 validation check 进行检测，如图 5-22 所示(或直接点击 图标)，检测通过后，显示如图 5-23 所示。

再次选中 Project 工作区的 Analysis；点击鼠标右键，选中 Analyze 即可开始求解。

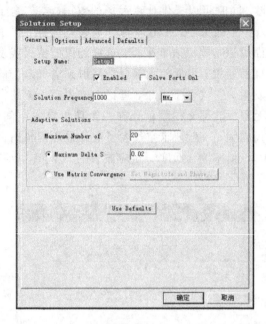

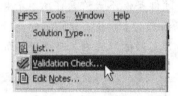

图 5 - 21　　　　　　　　　　　　　　　　　　　图 5 - 22

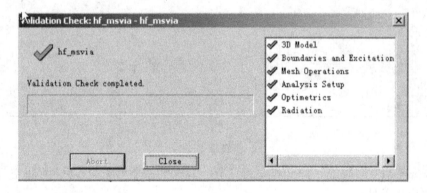

图 5 - 23

5. 天线的 HFSS 仿真结果

经过求解后，来看如图 5 - 24 所示的天线的增益方向图。

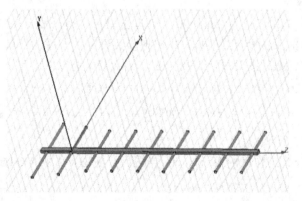

图 5 - 24

（1）选择菜单项 HFSS/Radiation/Insert Far Field/Setup/Infinite Sphere。

（2）在跳出窗口中，为了看天线的 3D 增益方向图，选择 InfinteSphere 标签，设置如下

Phi：（Start：0，Stop：360，StepSize：2）

Theta：（Start：0，Stop：180，StepSize：2）

选择菜单项 HFSS/Results/Create Far Fields Report/3D Polar Plot，在跳出窗口中设置 Solution：Setup1 Last Adaptive；Geometry：Infinite Sphere1。

点击确认键后，最后可得该天线 3D 增益方向图如图 5 - 26 所示。

图 5 - 25

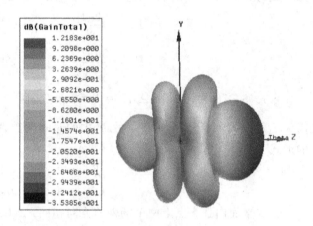

图 5 - 26

5.3　电视发射天线

5.3.1　电视发射天线的特点和要求

电视接收天线中只需接收某一方向的电磁波，因此我们在生活中常常会调整接收天线的方向以更有效地接收。而电视发射天线则不能仅仅向某个方向发射电磁波。它具有以下两个主要特点：

1. 对发射天线的方向性要求

要求发射天线在水平面内无方向性，而在垂直面内有较强的方向性，以有效地利用电波能量，使能量集中于用户所在的水平方向，而不向上空发射。

2. 对极化方式的要求

由于工业干扰大多是垂直极化波，因此我国的电视发射信号采用水平极化，即天线及其辐射电场平行于地面。

5.3.2　旋转场天线

我国的电视发射信号采用水平极化，即天线及其辐射场均平行于地面。这种对电视发射天线方向性的特殊要求，不可能由单一的水平天线实现，而将由一种特殊的水平极化的"旋转场天线"来实现。

什么是旋转场天线呢，我们先以由电流元组成的旋转场天线为例，说明它的工作原理。

如图 5-27 所示为正交电基本振子及其坐标，两电基本振子分别沿 x 方向与 y 方向放置，且两电基本振子的电流大小相等，相位相差 $\pi/2$，即 $I_1=I_2$，相位差 $\psi=\pi/2$，则在电流元组成的 xOy 平面内的任一点上，它们产生的场强分别为

$$E_1 = \frac{60\pi I_1 l}{r\lambda} \cdot \sin\varphi \cdot e^{-j\beta r} \cdot e^{j\omega t}$$

$$E_2 = \frac{60\pi I_2 l}{r\lambda} \cdot \cos\varphi \cdot e^{-j\beta r} \cdot e^{j(\omega t+\psi)}$$

(5-16)

令式(5-16)中 $\frac{60\pi I l}{r\lambda}=A$，$I_1=I_2=I$，略去因子 $e^{-j\beta r}$ 且时间因子 $e^{j\omega t}$ 用 $\cos\omega t$ 表示，又因为 I_1 与 I_2 时间相位相差 $90°$，故 E_2 中的时间函数为 $\sin\omega t$，则式(5-16)又可以写成下面的形式

$$E_1 = A \sin\varphi \cos\omega t$$
$$E_2 = A \cos\varphi \sin\omega t$$

(5-17)

在水平面内任意点上两个场强的方向相同，所以总场强就是两者的代数和，即

$$E = E_1 + E_2 = A(\sin\varphi \cos\omega t + \cos\varphi \sin\omega t) = A\sin(\omega t+\varphi)$$ (5-18)

式中，A 是与距离 r、电流 I 和电流元长度 l 有关而与方向性无关的一个因子。

归一化方向性函数，则有

$$F(\varphi) = \sin(\omega t+\varphi)$$ (5-19)

其方向图如图 5-27 所示。式(5-19)表明，在 xOy 平面内，场强的大小与 φ 无关，均可达到最大值 1，稳态方向图为圆。任何瞬时方向图同电基本振子的方向图相同，呈 8 字形，但这个 8 字形的方向图随着时间的增加，围绕 z 轴以角频率 ω 旋转，其轮廓是一个圆，属于圆极化波。

由其方向图可知，旋转场天线方向图是一个"8"字形，以角频率 ω 在水平面内旋转，其效果是在水平面内没有方向性，稳态方向图是个圆。这就是称这种天线为旋转天线的由来。

由于电流元的辐射比较弱，因此实际应用的旋转场天线是用半波振子或折合振子代替电基本振子组成的，此时水平面的方向图近似于圆。合成场的方向性函数为

$$F(\varphi) = \frac{\cos(90°\cos\varphi)}{\sin\varphi}\cos\omega t + \frac{\cos(90°\sin\varphi)}{\cos\varphi}\sin\omega t$$

也近似于旋转场状态。电场仍近似为圆极化波。

这种天线的特点是结构简单，但频带比较窄。电视发射天线要求有良好的宽频带特性，因此在天线的具体结构上必须采取一定措施。关于如何拓宽天线的频带，我们将在下一个项目中讨论。

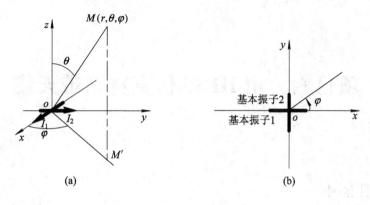

图 5 - 27

课后练习题

1. 什么是天线方向性相乘原理?

2. 简述引向天线的结构及其工作原理。

3. 电视发射天线的特点是什么? 旋转场天线方向图的特点是什么?

4. 什么是边射式天线阵? 什么是端射式天线阵? 判断图 5 - 28 所示分别是何种天线阵的方向图?

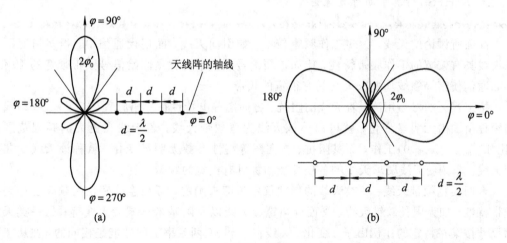

图 5 - 28

项目六　用 HFSS 仿真宽频带天线

❖ 学习目标 ❖

- 理解宽频带天线的概念。
- 掌握宽频带天线所满足的条件。
- 了解平面等角天线的结构特点。
- 了解阿基米德天线的结构特点。
- 熟悉对数周期天线的结构特点。
- 了解对数周期天线的方向特性。

❖ 工作任务 ❖

- 用 HFSS 仿真平面对数螺旋天线。

前面所讨论的天线，大多工作频带较窄，如引向天线。而现代通信中，很多情况下要求天线具有较宽的工作频带特性，比如扩频信号频带带宽就是原始信号频带带宽的 10 倍，再如通信侦察等领域均要求天线具有很宽的频带。

按工程上的习惯用法，若天线的阻抗、方向图等电特性在一倍频程（$f_{max}/f_{min}=2$）或几倍频程范围内无明显变化，就可以称该天线为宽频带天线；若天线在更大的频程范围内（比如 $f_{max}/f_{min}>10$）工作，而其阻抗、方向图等特性参数无明显变化，就称该天线为非频变天线。非频变天线要求天线的各项性能指标具有极宽的频带特性。

有两类宽频带天线：一类天线的形状仅由角度来确定，可在连续变化的频率上得到宽频带特性，如无限长双锥天线、平面等角螺旋天线以及阿基米德螺旋天线等；另一类天线的尺寸按某一特定的比例因子 τ 变化，天线在 f 和 τf 两频率上的性能是相同的，在从 f 到 τf 的中间频率上，天线性能是变化的，只要 f 与 τf 的频率间隔不大，在中间频率上，天线的性能变化也不会太大，用这种方法构造的天线是宽频带的，这种结构的一个典型例子是对数周期天线。

6.1　螺　旋　天　线

6.1.1　宽频带天线的条件

由前面的学习可知，天线的电性能取决于它的电尺寸（即天线的物理尺寸和工作波长的比值），当天线的几何尺寸一定时，频率的变化将导致天线电尺寸的变化，因此，天线的性能也将随之变化。换句话说，如果频率变化但想要天线的性能不变，那么天线的尺寸就要随着波长的变化等比例变化。如果能设计出一种与几何尺寸无关的天线，则其性能就不会随频率的变化而变化了。使天线能在很宽的频带范围内保持相同的辐射特性，这就是非频变天线。事实上，天线只要满足角度和终端效应弱这两个条件，就可以实现非频变特性，或者说宽频带特性。

1. 角度条件

前面讨论的天线尺寸，要想保持其性能不变，其尺寸要随着电磁波波长的增大而增大。这使我们联想到一个脑筋急转弯的问题，即什么东西不能被放大镜放大，答案就是角度不能被放大镜放大。依据这个思路，宽频带天线应该满足角度条件，即天线的形状仅取决于角度，而与其他尺寸无关。换句话说，当工作频率变化时，天线的形状、尺寸与波长之间的相应关系不变。

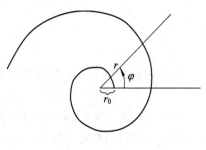

图 6-1

图 6-1 所示为平面等角螺旋天线的等角螺旋线。"等角"是指螺旋线与矢径 r 间的夹角处处相等。等角螺旋线的极坐标方程为

$$r = r_0 e^{\alpha\varphi} \qquad\qquad (6-1)$$

式中，r_0 是对应于 $\varphi=0°$ 时的矢径；α 是决定螺旋线张开快慢的一个参量，$1/\alpha$ 称为螺旋率。

2. 终端效应弱

还拿放大镜看角度做例子，如果角度的边长是有限的，那么经过放大镜观察角度，虽然其度数没有发生变化，但这个有限边长的角度形状还是发生了变化。如果边长是无限长的角度，经过放大镜后，那就和原来的完全相同了。依据这个思路，实际天线的尺寸总是有限的，有限尺寸的结构不仅是角度的函数，也是长度的函数。因此，当天线为有限长时，如果天线上的电流衰减很快，则天线辐射特性主要由载有较大电流的那部分决定，而其余部分作用较小，若将其截去，对天线的电性能影响也不大，这样的有限长天线就具有近似无限长天线的电性能，这种现象称为终端效应弱。终端效应的强弱取决于天线的结构。

满足上述两条件，即构成非频变天线。非频变天线分为两大类：等角螺旋天线和对数周期天线。

6.1.2　平面等角螺旋天线

图 6-2 所示是按角度条件由两个对称金属臂组成的平面等角螺旋天线，它可看成是一条变形的传输线。图中，螺旋线与矢径的夹角 ψ（称为螺旋角）为一常数，它只和螺旋率有关，即 $\tan\psi=1/a$。当转角从 $\varphi=0°$ 逆时针增大时，r 不断增大直至无穷大；当转角 φ 从 $\varphi=0°$ 顺时针增大时，r 以指数规律减小，向原点逼近。

每个臂的边缘线都满足式(6-1)的曲线方程且具有相同的 α，只要将臂的一个边缘线旋转 δ 角就会与该臂的另一个边缘线重合。

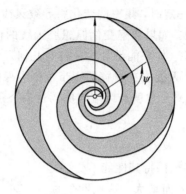

图 6-2

若令天线的一个金属臂的两个边缘为

$$r_1 = r_0 e^{a\varphi} , \quad r_2 = r_0 e^{a(\varphi - \delta)} \tag{6-2}$$

则天线的另一个臂具有对称结构形式，即 $r_3 = r_0 e^{a(\varphi - \pi)}$，$r_4 = r_0 e^{a(\varphi - \pi - \delta)}$。取 $\delta = \pi/2$，这时天线的金属臂与两臂之间的缝隙的形状相同，即两者互相补偿，称为自补结构。

研究表明具有自补结构的天线的输入阻抗是一纯电阻，与频率无关。

可以将天线两臂看成是一对变形的传输线，在螺旋天线的始端由电压激励激起电流并沿两臂边传输、边辐射、边衰减，臂上每一小段均可看成一个基本辐射元，总辐射场就是这些基本元辐射场的叠加。实验证明，臂上电流在流过一个波长的臂长后，电流迅速衰减到 -20 dB 以下。因此其有效辐射区就是周长约为一个波长以内的部分。这种性质符合终端效应弱的条件。

研究表明，自补等角螺旋天线具有以下的辐射特性：最大辐射方向垂直于天线平面，且为双向辐射，即在天线平面的两侧各有一个主波束。设天线平面的法线与辐射线之间的夹角为 θ，其方向图可以近似表示为 $\cos\theta$。在 $\theta \leqslant 70°$ 的锥角范围内，场的极化接近于圆极化，极化方向由螺旋线张开的方向决定。天线的工作频带由截止半径 r_0 和天线最外缘的半径 R_0 决定。通常取一圈半螺旋来设计这一天线，即外径 $R_0 = r_0 e^{a3\pi}$。若以 $a = 0.221$ 代入，可得 $R_0 = 8.03 r_0$，则工作波长的上下限为 $\lambda_{\min} \approx (4 \sim 8) r_0$，$\lambda_{\max} \approx 4 R_0$，带宽在 8 倍频程以上。几何参量 a 和 δ 对天线性能也有影响：a 愈小，螺旋线的曲率愈小，电流沿臂衰减愈快，波段性能愈好；δ 则与天线的输入阻抗有关。但 a 和 δ 对天线方向图的影响均不大。

也可将平面的双臂等角螺旋天线绕制在一个旋转的圆锥面上，这就构成了圆锥形等角螺旋天线。这一天线在沿锥尖方向具有最强的辐射，可以实现锥尖方向的单向辐射，它的其他性质与平面等角螺旋天线类似，且方向图仍然保持宽频带和圆极化特性。平面和圆锥等角螺旋天线的频率范围可以达到 20 倍频程或者更大。

因式(6-1)又可写为如下形式

$$\varphi = \frac{1}{a} \ln\left(\frac{r}{r_0}\right) \tag{6-3}$$

所以，等角螺旋天线又称为对数螺旋天线。

6.1.3 阿基米德螺旋天线

另一种常用的平面螺旋天线是阿基米德螺旋天线，其结构如图 6-3 所示。该天线臂曲

线的极坐标方程为

$$r = r_0 \varphi \tag{6-4}$$

式中，r_0 是对应于 $\varphi = 0°$ 的矢径。天线的两个螺旋臂分别是 $r_1 = r_0 \varphi$ 和 $r_2 = r_0(\varphi - \pi)$。为了明显地将两臂分开，图中分别用虚线和实线表示这两个臂。

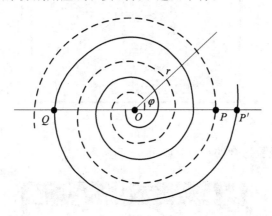

图 6-3

由图可知，由于两臂交错盘旋，且两臂上的电流是反相的，表面看似乎其辐射是彼此相消的，但事实并非如此。研究图中 P 和 P' 点处的两线段，设 OP 和 OQ 相等，即 P 和 Q 为两臂上的对应点，对应线段上电流的相位差为 π，由 Q 点沿螺旋臂到 P' 点的弧长近似等于 $\pi \cdot r$，这里 r 为 OQ 的长度。故 P 点和 P' 点电流的相位差为 $\pi + \beta \pi r = \pi + 2\pi^2 r / \lambda$，若设 $r = \lambda / 2\pi$，则 P 点和 P' 点的电流相位差为 2π。因此，若满足上述条件，则两线段的辐射是同相叠加而非相消的。也就是说，这一天线的主要辐射集中在 $r = \lambda / 2\pi$ 的螺旋线上，这称为有效辐射带。随着频率的变化，有效辐射带也随之而变，但由此产生的方向图的变化却不大，故阿基米德螺旋天线也具有宽频带特性。如果在这一天线面的一侧加一圆柱形反射腔，就构成了背腔式阿基米德螺旋天线，它可以嵌装在运载体的表面下。

阿基米德螺旋天线具有宽频带、圆极化、尺寸小、效率高和易嵌装等优点，故目前使用比较广泛。

6.1.4 在 HFSS 中仿真平面对数螺旋天线

任务要求：用 HFSS 计算出平面对数螺旋天线的特性参数。

测试设备：计算机、HFSS 软件。

设计步骤：

1. 初始步骤

（1）打开软件 Ansoft HFSS。

点击 Start 按钮，选择 Program，然后选择 Ansoft/HFSS 10，点击 HFSS 10。

（2）新建一个项目。

在窗口中，点击新建，或者选择菜单项 File/New。

在 Project 菜单中，选择 Insert HFSS Design。

（3）设置求解类型。

点击菜单项 HFSS/Solution Type，在跳出的如图 6-4 所示的窗口中选择 Driven Modal，再点击 OK 按钮。

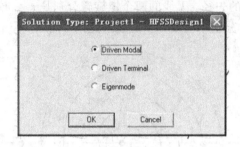

图 6-4

（4）为建立模型设置适合的单位，如图 6-5 所示。

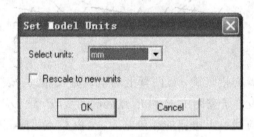

图 6-5

2. 创建 3D 模型

（1）绘制平面对数螺旋线。

选择菜单项 Draw/Draw Equation Based Curve，打开曲线方程设置框，所需绘制的曲线其参数方程为：

$x = 3.11 * \exp(0.221 * t) * \cos(t)$

$y = 3.11 * \exp(0.221 * t) * \sin(t)$

$t = 0 \sim 4\pi$，step：$\pi/16$，即 t 以 $\pi/16$ 为一步长画个点。

所以在曲线参数方程设置框中做如图 6-6 所示的设置。在随后跳出的窗口中按图 6-7 所示的设置。

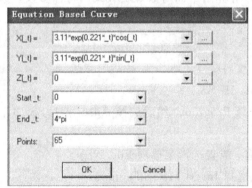

图 6-6

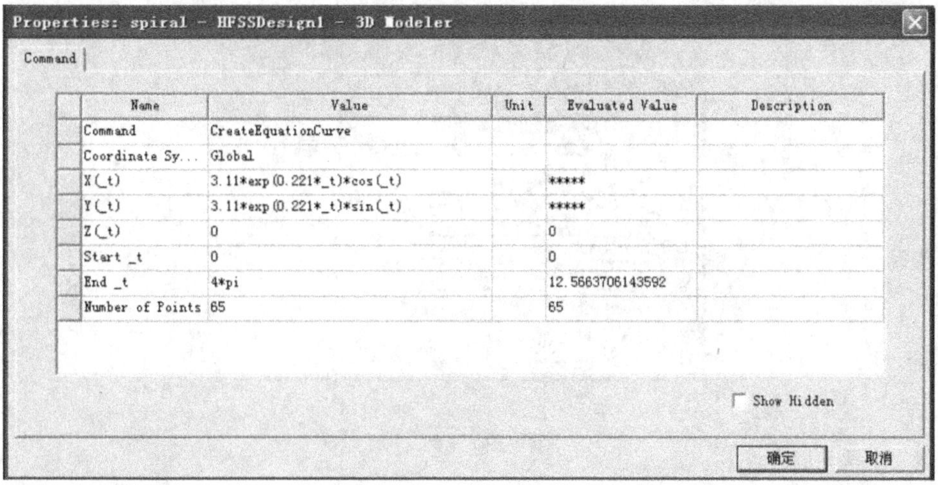

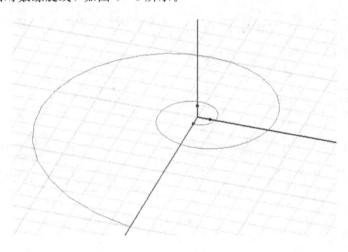

图 6-7

画出的平面对数螺旋线，如图 6-8 所示。

图 6-8

由于天线是具有一定宽度的平面对数螺旋带，以相同方法绘制螺旋带的另一边，其曲线参数方程为：

$x = 3.11 * \exp(0.221 * (t - \pi/2)) * \cos(t)$

$y = 3.11 * \exp(0.221 * (t - \pi/2)) * \sin(t)$

$t = \pi/2 \sim 4\pi$，step：$\pi/16$，即 t 也以 $\pi/16$ 为一步长画个点。

其参数方程设置如图 6-9 所示。

绘制好的两条平面对数螺旋线如图 6-11 所示。

（2）绘制闭合曲面。

选择菜单项 Draw/Arc（圆弧），选择 Center Point，首先将已绘制好的两条螺旋线的初始端用以坐标原点为弧心的圆弧连起来，其连接后的效果如图 6-12 所示。

以相同方法将两条圆弧线的末端连接起来构成一个闭合曲线，如图 6-13 所示。

图 6-9

Name	Value	Unit	Evaluated Value	Description
Command	CreateEquationCurve			
Coordinate Sy...	Global			
X(_t)	3.11*exp(0.221*(_t-pi/2))*cos(_t)		*****	
Y(_t)	3.11*exp(0.221*(_t-pi/2))*sin(_t)		*****	
Z(_t)	0		0	
Start _t	pi/2		1.5707963267949	
End _t	4.5*pi		14.1371669411541	
Number of Points	65		65	

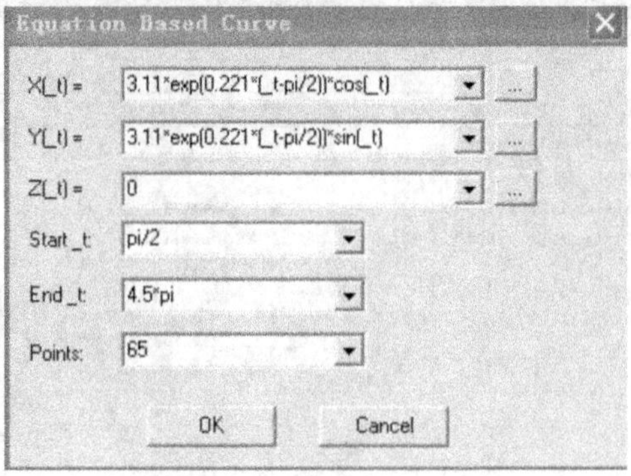

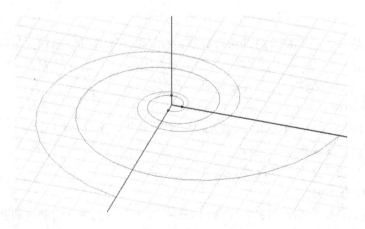

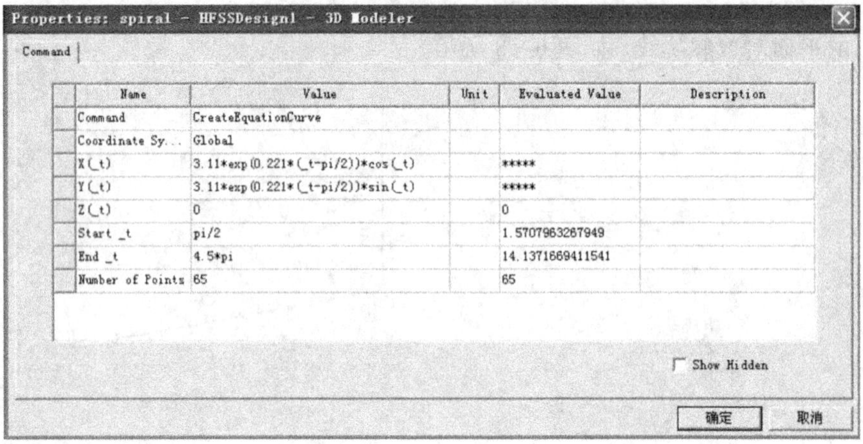

图 6-10

图 6-11

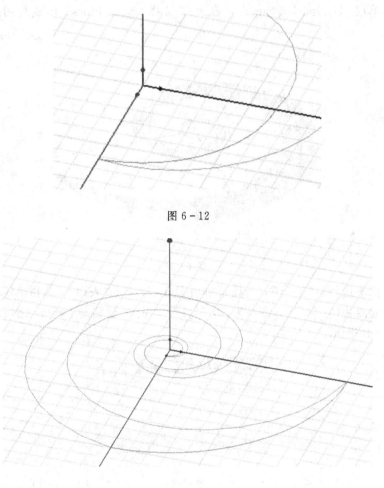

图 6 - 12

图 6 - 13

将该闭合曲线构成平面。

首先在操作历史树中利用 Ctrl 键选择 EquationCurve1、EquationCurve2、Polyline1、Polyline2，在菜单栏中点击 Modeler/Boolean/Unite，如图 6 - 14 所示。

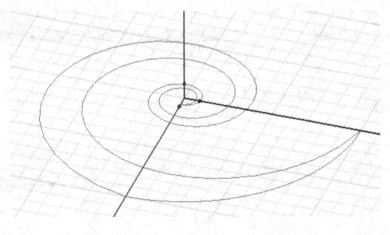

图 6 - 14

选择菜单项 3D Modeler/Surface（表面），选择 Cover Lines，形成封闭螺旋面，如图 6-15 所示。

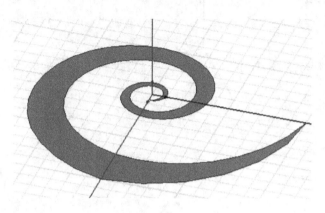

图 6-15

在工具栏中选择材料 PEC，选择菜单项 Draw/Sweep（表面），选择 Along Vector，确定位移矢量起点为(0，0，0)，终点为(0，0，1)，即向 Z 轴移动 1 mm，之后跳出的设置对话框如图 6-16 所示。

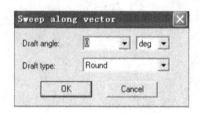

图 6-16

如图 6-17 所示，填充材料选择 PEC 后，得图 6-18 所示的图形。

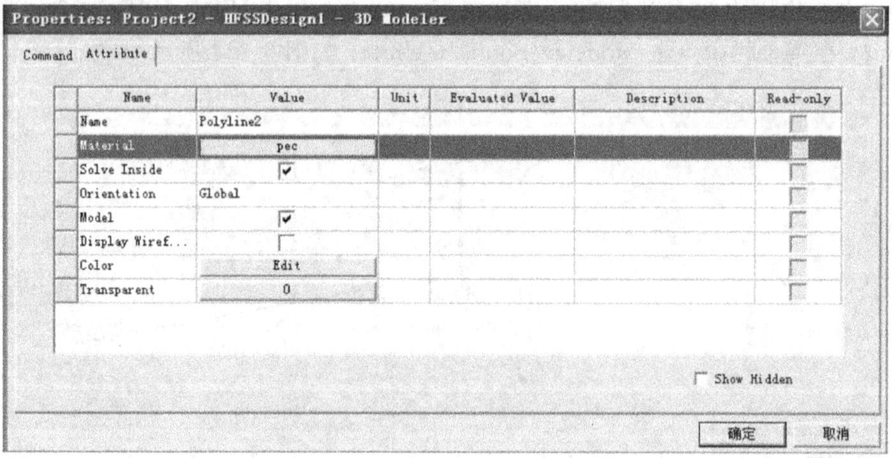

Name	Value	Unit	Evaluated Value	Description	Read-only
Name	Polyline2				
Material	pec				
Solve Inside	✓				
Orientation	Global				
Model	✓				
Display Wiref...					
Color	Edit				
Transparent	0				

图 6-17

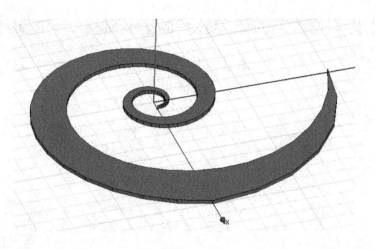

图 6 - 18

选择菜单项 Edit(编辑)/Duplicate(复制)，选择 Around Axis(沿坐标轴旋转复制)沿 Z 轴旋转 180°，其具体设置如图 6 - 19 所示。

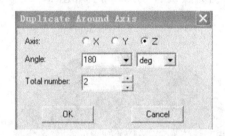

图 6 - 19

得到如图 6 - 20 所示的图形。

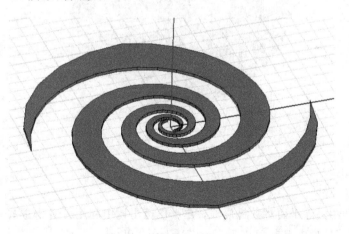

图 6 - 20

（3）绘制辐射面。

选择菜单项 Draw/Cylinder(圆柱体)，其底面圆心为(0，0，0)，半径为 61 mm，高为 1 mm，具体设置如图 6 - 21 所示。

	Name	Value	Unit	Evaluated Value	Description
	Command	CreateCylinder			
	Coordinate Sy...	Global			
	Center Position	0 ,0 ,0	mm	0mm , 0mm , 0mm	
	Axis	Z			
	Radius	61	mm	61mm	
	Height	1	mm	1mm	

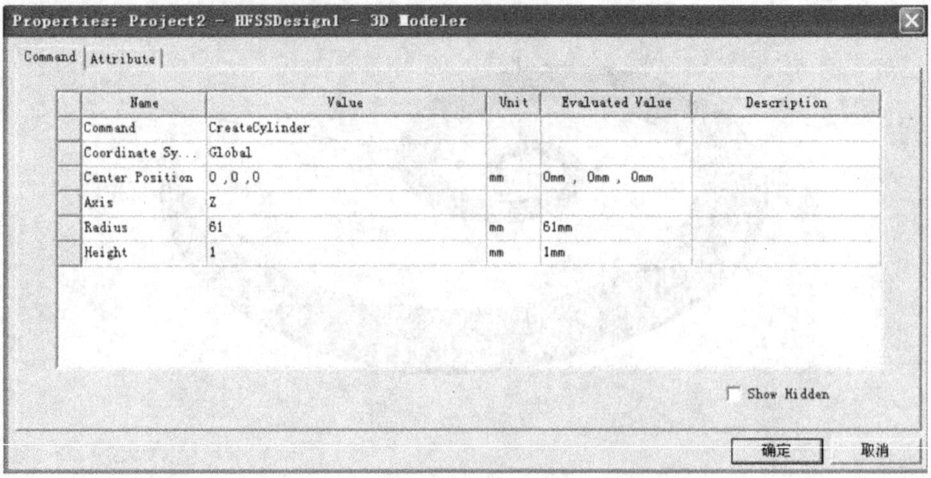

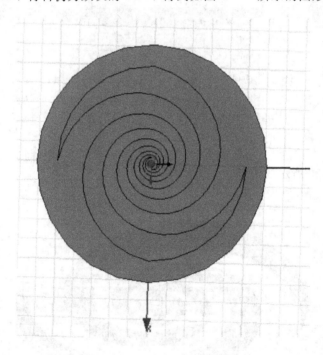

图 6 - 21

名称设为 spiral，材料仍为默认的 PEC，得到如图 6 - 22 所示的图形。

图 6 - 22

然后在上图中去除平面对数螺旋线，在操作历史树中利用 Ctrl 键选择 spiral、Polyline2、Polyline2_1，在菜单栏中点击 3D Modeler/ Boolean/Subtract。

其 Subtract 设置如图 6 - 23 所示。

得到图形如图 6 - 24 所示。

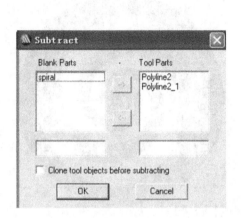

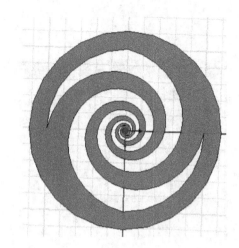

图 6-23　　　　　　　　　　　　　　　　图 6-24

选择菜单项 Draw/Box(长方体)，其初始点为(−2，−3.2，0)，长宽高 dx＝4，dy＝6.4，dz＝1。具体设置如图 6-25 所示。

图 6-25

材料仍为默认的 PEC 材料。

接下来构造天线输入端口，如图 6-26 所示。在操作历史树中利用 Ctrl 键选择 spiral、Box1，在菜单栏中点击 3D Modeler/Boolean/Subtract。

相减后得到的图形如图 6-27 所示。

选择菜单项 Draw/Cylinder(圆柱体)，其底面圆心为(0，0，0)，半径为 60 mm，高为−24 mm，具体设置如图 6-28 所示。

以相同方法构造底面圆心为(0，0，0)，半径为 61 mm，高为−25 mm 的圆柱体，如图 6-29 所示。

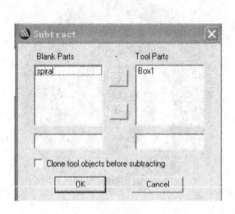

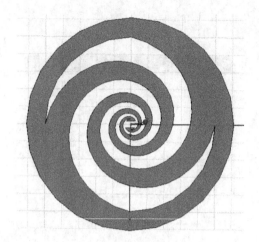

图 6 - 26   图 6 - 27

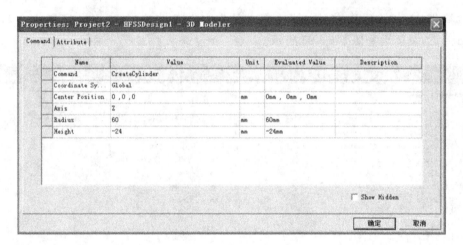

图 6 - 28

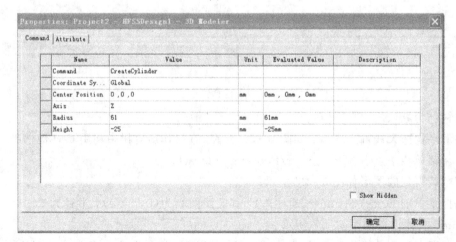

图 6 - 29

并将其名字由 Cylinder2 改为 backcavity。

在操作历史树中利用 Ctrl 键选择 backcavity、Cylinder1，在菜单栏中点击 3D Modeler/Boolean/Subtract，其相减设置如图 6-30 所示。

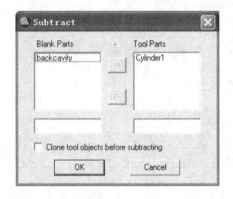

图 6-30

两圆柱体相减后得到的天线后腔如图 6-31 所示。

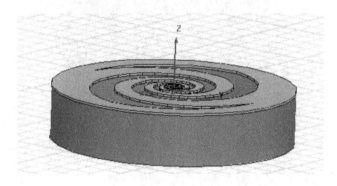

图 6-31

（4）绘制空气盒。

软件在计算辐射特性时，是在模拟实际的自由空间的情形。类似于将天线放入一个矩形微波暗室。一个在暗室中的天线辐射出去的能量理论上不应该反射回来。在模型中的空气盒子就相当于暗室，它吸收天线辐射出的能量，同时可以提供计算远场的数据。空气盒子的设置一般来说有两个关键：一是形状，二是大小。形状就像微波暗室一样，要求反射尽可能得低，那么就要求空气盒子的表面应该与模型表面平行，这样能保证从天线发出的波尽可能垂直入射到空气盒子内表面，确切地说，是要使大部分波辐射到空气盒子的内表面入射角要小，尽可能少地防止反射的发生。理论上来说，空气盒子越大越接近理想自由空间，如果盒子无限大，那么你的模型就处在一个理想自由空间中。但是硬件条件不允许盒子太大，越大计算量越大。一般要求空气盒子离开最近的辐射面距离不小于 1/4 波长。我们所要设计的天线中心频率为 2 GHz，对应波长为 150 mm，选择菜单项 Draw/Cylinder（圆柱体），其底面圆心为(0, 0, -25)，半径为 70 mm，高为 65 mm，故所设置的空气盒的尺寸坐标如图 6-32 所示。

名称设为 air_box，材料设为 vacuum。绘制好空气盒后，如图 6-33 所示。

Name	Value	Unit	Evaluated Value	Description
Command	CreateCylinder			
Coordinate Sy...	Global			
Center Position	0 ,0 ,-25	mm	0mm , 0mm , -25mm	
Axis	Z			
Radius	70	mm	70mm	
Height	65	mm	65mm	

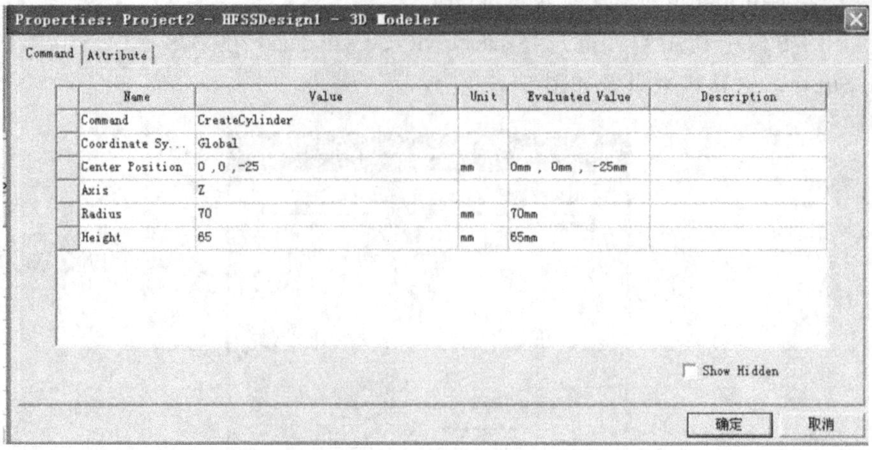

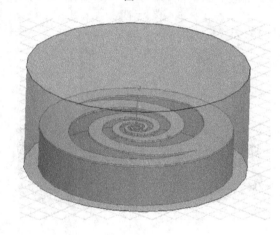

图 6-32

图 6-33

3. 设置边界条件和激励源

(1) 将 air_box 设置成辐射边界条件。

在操作历史树中选中 air_box，单击鼠标右键，进入 Assign Boundary 选项，点击 Raditation Boundary 选项。此时 HFSS 系统提示为此边界命名，默认为 Rad1，如图 6-34 所示。

(2) 在螺旋平面中心处设置激励所在平面。

选择菜单项 Draw/Box(长方体)，其起点为空缺处的下端点，所建长方体的对角终点为在螺旋曲面挖去长方体后垂直棱的中点，如图 6-35 所示。

其名称设为 Port，材料为 vacuum，如图 6-36 所示。

(3) 在新建 Port 的上表面处设置为集总端口，输入坐标如下：

X：-2.0，Y：0.0，Z：0.5

dX：4.0，dY：0.0，dZ：0

设置过程如图 6-37 所示。

其电阻值设为 188.5Ohms，名称为 p1。

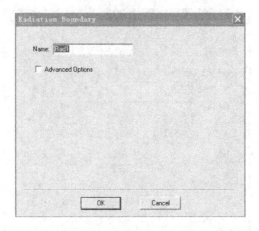

图 6 - 34

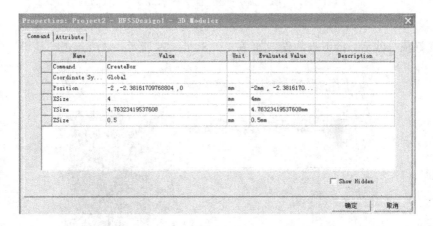

图 6 - 35

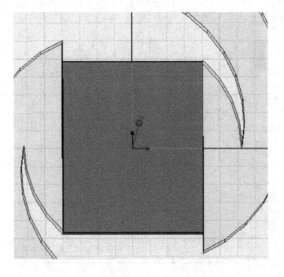

图 6 - 36

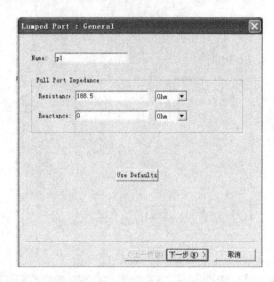

图 6 - 37

设置好积分线后，接下来的设置如图 6 - 38、6 - 39 所示，最后点击确认键。

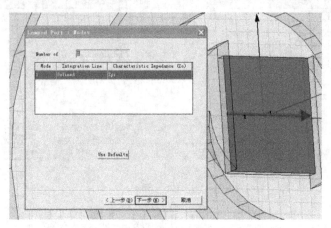

图 6 - 38

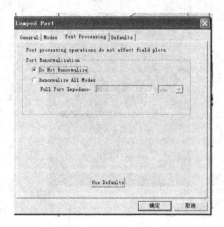

图 6 - 39

至此边界条件和激励源设置完毕，得到如图 6 - 40 所示图形。

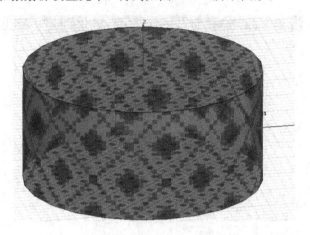

图 6 - 40

4. 设置求解条件

在 Project 工作区选中 Analysis 项，点击鼠标右键，选择 Add Solution Setup。

这时系统会弹出求解设置对话框，设置参数：求解频率为 1.9174 GHz，最大迭代次数为 6，最大误差为 0.02，如图 6 - 41 所示。

选择菜单项 HFSS/Analysis Setup(分析设置)，选择 Add Sweep...(增加扫频)，如图 6 - 42 所示，选择 Setup1。

图 6 - 41

图 6 - 42

Sweep Type 选择 Fast，Frequency Setup 中 Type：Linear Step，从1.8 GHz 到6 GHz，

Step Size(步长)：0.2 GHz，如图 6 - 43 所示。

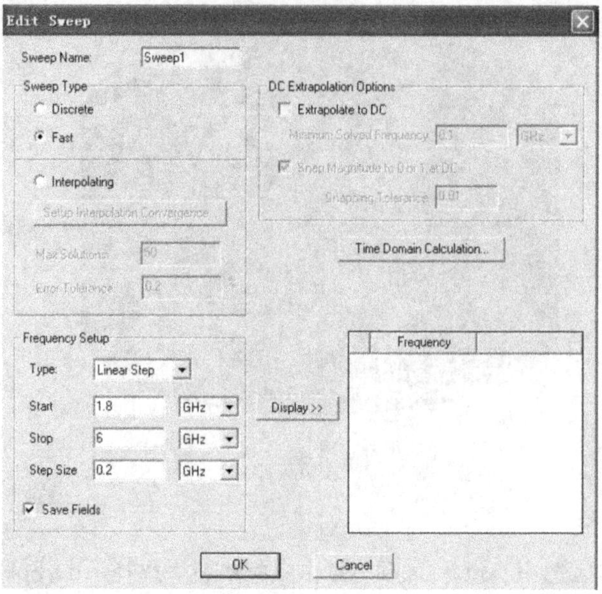

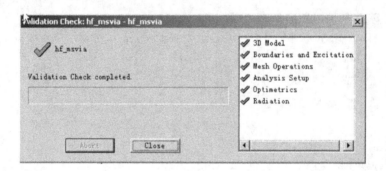

图 6 - 43

　　将求解的条件设好后，我们来看看 HFSS 的前期工作是否完成。在 HFSS 菜单下，点击 Validation Check(或直接点击 ✔ 图标)。

图 6 - 44

　　通过检查后，再次选中 Project 工作区的 Analysis；点击鼠标右键，选中 Analyze 即可开始求解。

5. 平面对数螺旋天线的 HFSS 仿真结果

1) 创建标准 S 参数图

创建一个报告：选择菜单项 HFSS/结果(Result)创建报告(Create Report)。

　　在创建报告(Create Report)窗口中选报告类型(Report Type)为 Modal S Parameters；显示类型(Display Type)为 Rectangular，然后点击 OK 按钮。

　　在绘线(Traces)窗口中，选解析点(Solution)为 Setup1：Sweep1；解析域(Domain)为 Sweep。

再点击 Y 标签，参数类型（Category）选 S Parameter；参量（Quantity）选 S（Port1, Port1)参量函数（Function）选 dB。

点击添加绘图（Add Trace）按钮，点击完成（Done）按钮，S 参数图如图 6 - 45 所示。

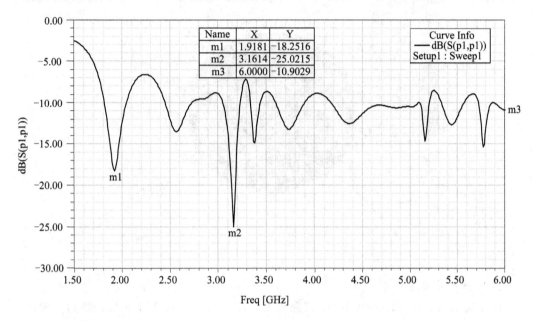

图 6 - 45

2）天线面电流分布

选择菜单项 HFSS/Radiation/Fields/Fields/J/Mag_Jsurf，按图 6 - 46 所示设置。

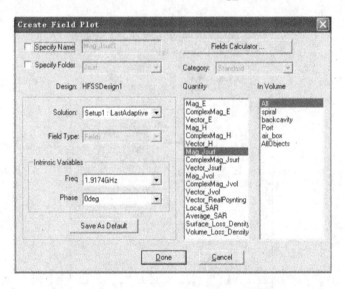

图 6 - 46

即可得到天线上的电流分布图，如图 6 - 47 所示。

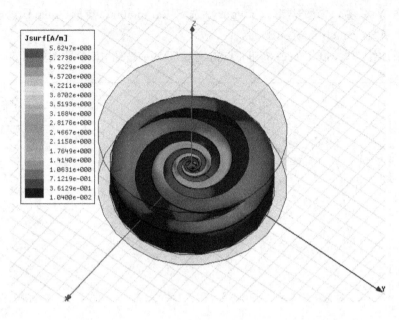

图 6 - 47

3）天线的增益方向图

经过优化后选择 offset＝6 mm，谐振长度 ＄L＝13.5 mm，看下天线的增益方向图。

（1）选择菜单项 HFSS/Radiation/Insert Far Field/Setup/Infinite Sphere。

（2）在跳出窗口中，为了看天线的 3D 增益方向图，选择 Infinte Sphere 标签，设置如下 Phi：（Start：0，Stop：360，Step Size：2）Theta：（Start：0，Stop：180，Step Size：2），如图 6 - 48 所示。

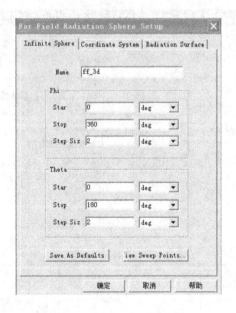

图 6 - 48

（3）选择菜单项 HFSS/Results/Create Far Fields Report/3D Polar Plot，在跳出窗口

中设置 Solution 为 Setup1 LastAadptive；Geometry 为 ff_3d，如图 6 - 49 所示。

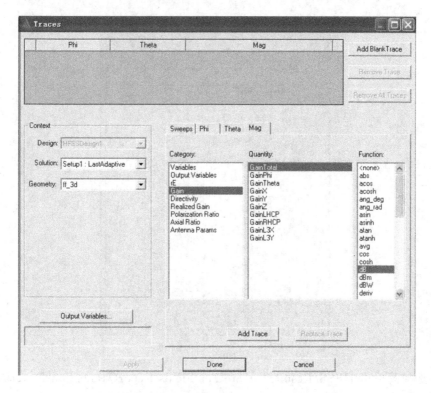

图 6 - 49

点击确认键后，最后该天线 3D 增益方向图如图 6 - 50 所示，最大增益为 8.164 dB。

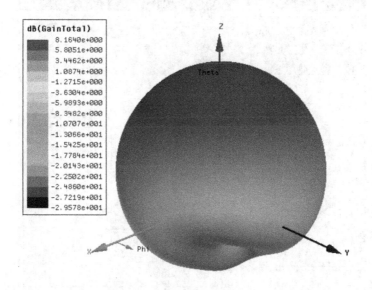

图 6 - 50

（4）选择菜单项 HFSS/Radiation/Insert Far Field/Setup/Infinite Sphere。

（5）在跳出窗口中，为了看天线的 2D 增益方向图，选择 Infinte Sphere 标签，设置如图 6-51 所示。

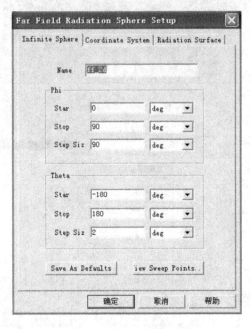

图 6-51

（6）选择菜单项 HFSS/Results/Create Far Fields Report/Radiation Pattern，在跳出窗口中设置 Solution：Setup1 LastAadptive；Geometry：ff_2d。

在 Sweeps 标签中 Phi 设为 0deg 得到 E 面增益方向图，如图 6-52 所示。

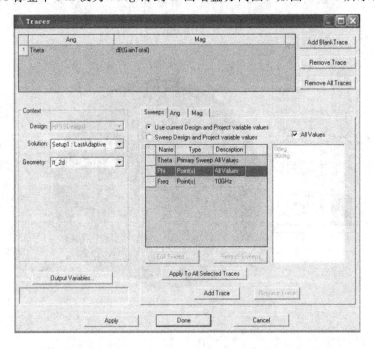

图 6-52

同样地,在 Sweeps 标签中 Phi 设为 90deg 得到 H 面增益方向图,最后该天线 2D 增益方向图如图 6-53 所示。

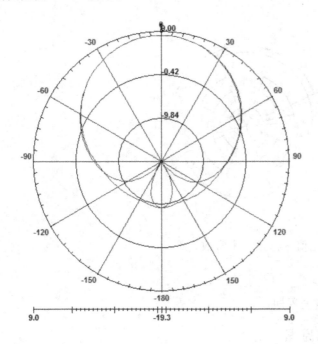

图 6-53

6.2 对数周期天线

对数周期天线基于相似原理。由相似原理,若天线的所有尺寸和工作频率(或波长)按相同比例变化,则天线的特性保持不变。天线的方向特性、阻抗特性等都是天线电尺寸的函数。如果设想当工作频率按比例 τ 变化时,仍然保持天线的电尺寸不变,则在这些频率上天线就能保持相同的电特性。由这个概念得到的天线,称为对数周期天线(Log-Periodical Antenna,简称 LPA)。对数周期天线的基本特点是:天线的性能随工作频率做周期性变化。在一个周期内,天线的性能只有微小的变化,因而可以近似认为它的性能具有不随频率变化的非频变特性。对数周期天线在短波、超短波和微波波段范围获得了广泛应用。

6.2.1 齿状对数周期天线的结构

齿状对数周期天线的基本结构是将金属板刻成齿状,如图 6-54 所示。

齿的分布是按等角螺旋线设计的,齿是不连续的,其长度是由从原点发出的两根直线之间的夹角决定的。若从螺旋线中心沿着矢径方向看去,同一臂上第 n 个齿内缘的矢径为

$$r_n = r_0 e^{a(\varphi + n \cdot 2\pi)} \tag{6-5}$$

则第 $n+1$ 个齿内缘的矢径为

$$r_{n+1} = r_0 e^{a[\varphi + (n-1) \cdot 2\pi]} \tag{6-6}$$

第 $n+1$ 个齿和第 n 个齿内缘的矢径之比为

$$\frac{r_{n+1}}{r_n} = \frac{r_0 \mathrm{e}^{a[\varphi+(n-1)\cdot 2\pi]}}{r_0 \mathrm{e}^{\alpha(\varphi+n\cdot 2\pi)}} = \mathrm{e}^{-2\pi a} = \tau \qquad (6-7)$$

τ 为小于 1 的常数。

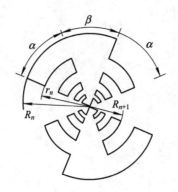

图 6-54

同理，同一臂相邻齿外缘的比值 τ 也是一个常数，即

$$\tau = \frac{R_{n+1}}{R_n} < 1 \qquad (6-8)$$

τ 称为周期率，它给出了天线结构的周期。

6.2.2 齿状对数周期天线的原理

对于无限长的结构，当天线的工作频率变化 τ 倍，即频率从 f 变到 τf，$\tau^2 f$，$\tau^3 f$，……时，天线的电结构完全相同，因此在这些离散的频率点 f，τf，$\tau^2 f$，……上具有相同的电特性。但在 $f \sim \tau f$，$\tau f \sim \tau^2 f$，…… 频率间隔内，天线的电性能有些变化，只要这种变化不超过一定的指标，就可认为天线基本上具有非频变特性。由于天线的这一性能可以在很宽的频率范围中以 $\ln(1/\tau)$ 为周期作重复性变化，故命名为对数周期天线。

实际上，天线不可能无限长，而齿的主要作用是阻碍径向电流。实验证明：齿片上的横向电流远大于径向电流，如果齿长恰好等于谐振长度（即齿的一臂约等于 $\lambda/4$），则该齿具有最大的横向电流，且附近的几个齿上也具有一定幅度的横向电流。而那些齿长远大于谐振长度的各齿，其电流会迅速衰减到谐振长度上电流最大值的 30 dB 以下，这说明天线的终端效应很弱，因此有限长天线近似具有无限长天线的特性。

~~~~~~~~~~~~ 课 后 练 习 题 ~~~~~~~~~~~~

1. 什么是宽频带天线的角度条件和终端效应弱？
2. 简述等角螺旋天线的结构和工作原理。
3. 试用 HFSS 仿真对数周期天线的方向图。

项目七　用 HFSS 仿真波导缝隙天线

❖ 学习目标 ❖

- 知道什么是理想缝隙天线。
- 了解理想缝隙天线的方向特性。
- 知道什么是波导缝隙天线。
- 了解波导缝隙天线的特性。
- 知道什么是微带天线。
- 了解微带天线的结构及主要特点。
- 知道微带天线的辐射原理。
- 了解微带天线的方向特性。

❖ 工作任务 ❖

- 用 HFSS 仿真波导缝隙天线。

在 20 世纪 50 年代以前,所有的微波设备几乎都是采用金属波导和同轴线电路,随着航空航天技术的发展,要求微波电路和系统做到小型、轻量、性能可靠。首要的问题是要有新的导航系统,且应为平面型结构,使微波电路和系统能集成化。20 世纪 50 年代初出现了第一代微波印制传输线,在有些场合,它可以取代同轴线和波导。后来随着芯片型微波固体器件的发展,要求有适合其输入输出连接的导航系统,于是在 20 世纪 60 年代初出现了第二代微波印制传输线——微带线。

在同轴线、波导管或空腔谐振器的导体壁上开一条或数条窄缝,使电磁波通过缝隙向外空间辐射,从而形成一种天线,称做缝隙天线。而微带天线是近年来由微带传输线发展起来的一种天线,这两种天线可以作为天线阵的辐射单元。

缝隙天线和微带天线的厚度很小,最适宜安装在飞机和航天器的壳体上,既不向外凸出影响载体的空气动力特性,也不向内凹进影响其他设备的安装。此外,结构牢固、馈电方便也是它们的优点,但功率容量低、频带较窄是它们的缺点。

7.1 缝 隙 天 线

7.1.1 理想缝隙天线

常见缝隙天线就是在波导壁上开有缝隙，以用来辐射或接收电磁波的天线。在研究实际的缝隙天线之前，先讨论在无限大和无限薄的理想导电平板上的缝隙——理想缝隙天线。理想缝隙天线的横向尺寸远小于波长，纵向尺寸通常为 $\lambda/2$。

设 yOz 为无限大和无限薄的理想导电平板，在此面上沿 z 轴开一个长为 $2l$、宽为 W（$W \ll \lambda$）的缝隙。根据电磁场在金属表面的分布特点，只可能存在平行于金属表面的磁场和垂直于金属表面的电场。所以缝隙中的场可近似地认为是由金属表面的磁场感应出来的，是垂直于缝隙的长边的电场，如果不忽略短边处的边界条件限制，其分布可挖为如图 7-1(a)所示。这个电场可以向外辐射电磁波，具有天线的功能，所以叫缝隙天线。

根据项目三对线天线的分析得知，电基本振子可以产生变化的磁场，进而产生电磁波。因此理想缝隙中的电场可以认为是某个磁对称振子（类比于电流，相当于磁流）产生的，这样一来，对缝隙天线的分析，可转化为对磁对称振子的分析。如图 7-1(b)所示。

仔细研究自由空间里的麦克斯韦方程组，可将其分成以下两组

$$\oint_L \boldsymbol{E} \cdot \mathrm{d}\boldsymbol{l} = -\mu \iint_S \frac{\partial \boldsymbol{H}}{\partial t} \cdot \mathrm{d}\boldsymbol{S}$$

$$\oiint_S \boldsymbol{E} \cdot \mathrm{d}\boldsymbol{S} = 0 \qquad (7-1)$$

$$\oint_L \boldsymbol{H} \cdot \mathrm{d}\boldsymbol{l} = \varepsilon \iint_S \frac{\partial E}{\partial t} \cdot \mathrm{d}\boldsymbol{S}$$

$$\oiint_S \boldsymbol{H} \cdot \mathrm{d}\boldsymbol{S} = 0 \qquad (7-2)$$

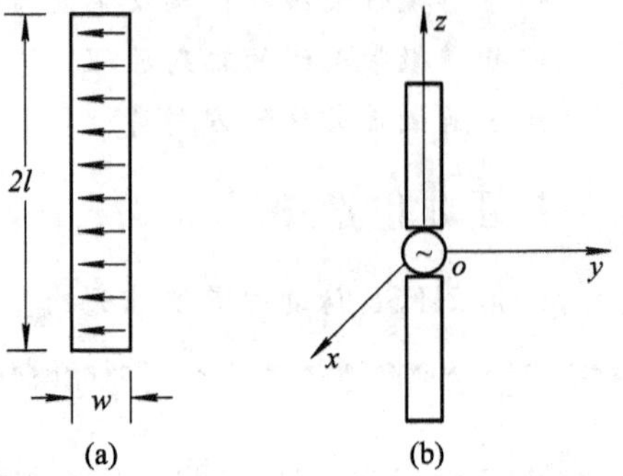

图 7-1

我们发现上述四个方程具有对偶性，即将 $\boldsymbol{E}$ 和 $\boldsymbol{H}$ 互换，ε 和 $-\mu$ 互换，方程的表达形式不变。所以求解磁对称振子产生的电磁场，其结果和电对称振子的结果类似，只是将原来的电场变为磁场，原来的磁场变为电场，当然还有些符号的变动。具体可参阅参考书目。

根据前面的介绍，长度为 $2l$ 的对称振子的辐射场为

$$E_\theta = \mathrm{j}60 I_m \frac{\cos(\beta l \cos\theta) - \cos(\beta l)}{r \sin\theta} \mathrm{e}^{-\mathrm{j}\beta r} \qquad (7-3)$$

其方向性函数为

$$F(\theta) = \frac{\cos(\beta l \cos\theta) - \cos(\beta l)}{\sin\theta} \qquad (7-4)$$

由于理想缝隙天线与板状对称振子具有对偶性。因此，根据对偶原理，理想缝隙天线的方向性函数与同长度的对称振子的方向性函数在 E 面和 H 面是相互交换的，如图 7-2所示。

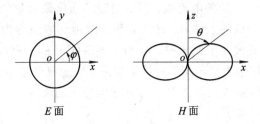

图 7 - 2

由于利用了对偶关系，此式假设了缝上电压(或切向电场)沿缝隙轴线也是按正弦分布的。对比理想缝隙与对称振子的场可以看出：

（1）二者的方向相同，方向性函数都是

$$F(\theta, \varphi) = \frac{\cos(\beta l \cos\theta) - \cos(\beta l)}{\sin\theta} \tag{7-5}$$

与对称振子一样，常用的缝隙天线是半波缝隙，即 $l = \lambda/4$，将其代入式(7-5)得

$$F(\theta, \varphi) = \frac{\cos\left(\frac{\pi}{2}\cos\theta\right)}{\sin\theta} \tag{7-6}$$

在包含缝隙轴线的平面内，方向图是"8"字形；在垂直于缝隙轴线的平面内，方向图是圆形。

（2）二者的主平面互换了位置，包含缝隙轴线的平面是 H 面，而垂直于缝隙轴线的平面是 E 面。因此，垂直缝隙(缝隙轴线在垂直方向)是水平极化的，水平缝隙是垂直极化的。

7.1.2　波导缝隙天线

在波导壁的适当位置和方向上开的缝隙也可以有效地辐射和接收无线电波，这种开在波导上的缝隙称为波导缝隙天线。

常见的波导缝隙天线是由开在矩形波导壁上的缝隙构成的。波导缝隙要成为有效的天线必须选择适当的位置和方向。波导上的缝隙是不需要另外的馈线的，它辐射的能量来自波导内的电磁波。设矩形波导传输 TE_{10} 波，其内壁的电流如图 7 - 3 所示。

如果波导壁上所开缝隙能切割波导内壁的表面电流线，则波导内壁电流的一部分将以位移电流的形式通过缝隙，因而缝隙被激励，并将波导内的功率通过缝隙向空间辐射电磁波，如图 7 - 3 中的缝 1，这种缝隙称为辐射缝隙。当缝隙轴向方向与电流线平行时，不能在缝隙区建立切向电场，因此缝隙未被激励，不能向外辐射功率，这种缝隙称为非辐射缝隙，如图 7 - 3 中的缝 2。

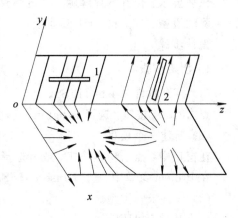

图 7 - 3

波导缝隙辐射的强弱取决于缝隙在波导壁上的位置和取向。为了获得最强辐射，应使

缝隙垂直截断电流密度最大处的电流线，即应沿磁场强度最大处的磁场方向开缝。所以波导缝隙辐射（或接收）电磁波的条件是：缝隙必须有效地切割波导内壁的表面电流线，而切割表面电流线的实质就是改变了原来波导壁的边界条件。在未开缝之前波导壁的切向电流是等于零的，现在开了切割表面电流线的缝隙以后，壁上有的地方（缝隙上）出现了不等于零的切向电场。边界条件的改变必然要引起电磁场分布的改变，原来电磁场完全在波导以内，现在波导以外出现电场了。

实验证明，沿波导缝隙的电场分布与理想缝隙的几乎一样，近似为正弦分布，但由于波导缝隙是开在有限大的波导壁上的，辐射受没有开缝的其他三面波导壁的影响，因此是单向辐射。

单缝隙天线的方向性是比较弱的，为了提高天线的方向性，可在波导的一个壁上开多个缝隙组成天线阵。这种天线阵的馈电比较方便，其天线和馈线集于一体。适当改变缝隙的位置和取向就可以改变缝隙的激励强度，以获得所需要的方向性。其缺点是频带比较窄。

为了增加缝隙天线的方向性，可在波导的同一壁上按一定规律开多条尺寸相同的缝隙，构成波导缝隙天线阵。根据波导内传输波的形式又可将缝隙阵天线分为谐振式缝隙天线阵和非谐振式缝隙天线阵。谐振式缝隙天线阵波导终端通常接短路活塞，波导内传输波的形式是驻波；非谐振式缝隙天线阵波导终端通常接匹配负载，波导内传输波的形式是行波。

缝隙天线阵元的形式是多种多样的，这是由于波导场分布的特点，使单个缝隙天线（阵元）的位置比较灵活，甚至只要附加适当的激励元件（如插入波导内部的螺钉式金属杆），就可使在不能辐射电磁波位置上的缝隙也变成辐射元。

7.1.3 用 HFSS 仿真计算波导缝隙天线

任务要求：仿真波导缝隙天线的特性参数。

测试设备：计算机、HFSS 软件。

设计步骤

1. 初始步骤

（1）打开软件 Ansoft HFSS。

点击 Start 按钮，选择 Program，然后选择 Ansoft/HFSS11，点击 HFSS11。

（2）新建一个项目。

在窗口中，点击新建按钮，或者选择菜单项 File/New。

在 Project 菜单中，选择 Insert HFSS Design。

（3）设置求解类型。

点击菜单项 HFSS/Solution Type，在跳出窗口中选择 Driven Modal，再点击 OK 按钮，如图 7-4 所示。

（4）为建立模型设置适合的单位，如图 7-5 所示。

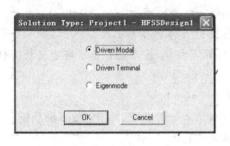

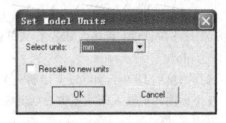

图 7 - 4　　　　　　　　　　　　　　　图 7 - 5

2. 创建 3D 模型

（1）绘制波导。

选择菜单项 Draw/box，绘制一个长方体；设置长方体基坐标，X：—11.43，Y：0.0，Z：0.0，按下确认键；再输入 dX：22.86，dY：29.8125，dZ：10.16，按下确认键。定义长方体的属性：Name 为 waveguide，Transport 项为 0.8，如图 7 - 6 所示。

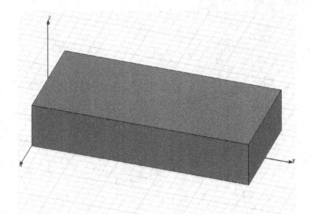

图 7 - 6

（2）绘制缝隙。

如图 7 - 7 所示，由主菜单选择 Modeler/Coordinate System/Create/Relative CS/Offset，设置相对坐标系，以便于绘制缝隙。

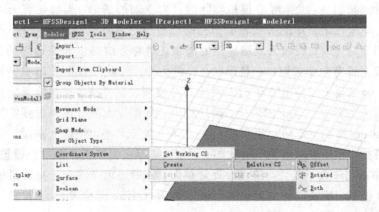

图 7 - 7

在坐标输入栏中输入坐标：X：0.0，Y：9.9375，Z：10.16。

选择菜单项 Draw/box，绘制一个长方体：设置长方体基坐标，X：−0.5，Y：−7.0，Z：0.0，按下确认键；再输入 dX：1.0，dY：14.0，dZ：1.0，按下确认键。再定义长方体的 Name 为 slot。

选择菜单项 Draw/cylinder，绘制一个圆柱体 cylinder1：

在坐标输入栏输入圆柱体中心点坐标，X：0.0，Y：−7.0，Z：0.0，按下确认键；

再输入 dX：0.5，dY：0.0，dZ：0.0，按下确认键；

再输入 dX：0.0，dY：0.0，dZ：1.0，按下确认键。

同理，再绘制一个圆柱体 cylinder2，尺寸坐标依次输入为：

X：0.0，Y：7.0，Z：0.0；

dX：0.5，dY：0.0，dZ：0.0；

dX：0.0，dY：0.0，dZ：1.0。

在操作历史树中利用 Ctrl 键选择 slot、cylinder1、cylinder2，在菜单栏中点击 Modeler/Boolean/Unite，结果如图 7−8 所示。

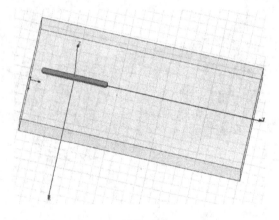

图 7−8

再在菜单栏中点击 Edit/Arrange/Move，将缝隙朝 X 轴正半轴移动 2 mm，如图 7−9，图 7−10 所示。

（3）绘制空气盒。

软件在计算辐射特性时，是在模拟实际的自由空间的情形。类似于将天线放入一个矩形微波暗室。一个在暗室中的天线辐射出去的能量理论上不应该反射回来。在模型中的空气盒子就相当于暗室，它吸收天线辐射出的能量，同时可以提供计算远场的数据。空气盒子的设置一般来说有两个关键：一是形状，二是大小。形状就像微波暗室一样，要求反射尽可能得低，那么就要求空气盒子的表面应该与模型表面平行，这样能保证从天线发出的波尽可能垂直入射到空气盒子内表面，确切地说，是要使大部分波辐射到空气盒子的内表面入射角要小，尽可能少地防止反射的发生。空气盒子大小，理论上来说，空气盒子越大越接近理想自由空间；极限来说，如果盒子无限大，那么模型就处在一个理想自由空间中。但是硬件条件不允许盒子太大，越大计算量越大。一般要求空气盒子离开最近的辐射面距离不小于 1/4 波长。所要设计的天线中心频率为 10 GHz，对应波长为 0.03 m，故所设置空气盒的尺寸坐标如图 7−11 所示。

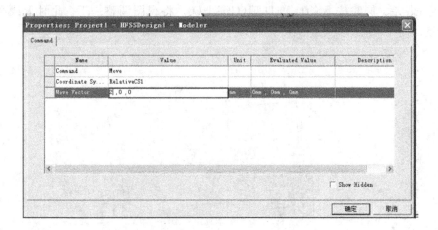

图 7 - 9

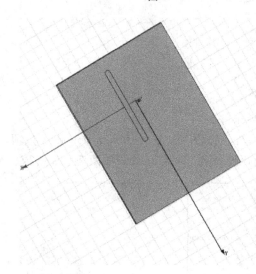

图 7 - 10

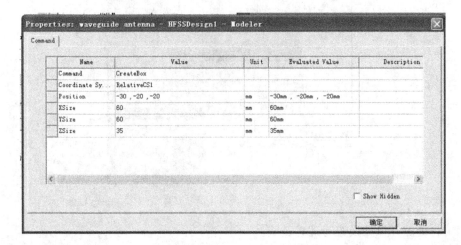

图 7 - 11

设置完毕后,同时按下 Ctrl 和 D 键(Ctrl+D),将视图调整一下。此时天线图案如图 7-12 所示。

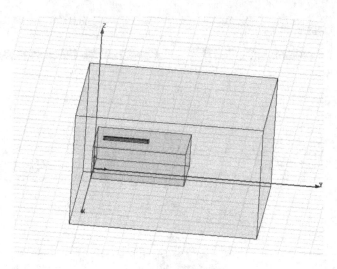

图 7-12

3. 设置边界条件和激励源

(1) 将 air 设置成辐射边界条件。

在操作历史树中选中 air,单击鼠标右键,进入 Assign Boundary 选项,点击 Raditation 选项。此时 HFSS 系统提示为此边界命名,取名为 air,如图 7-13 所示。

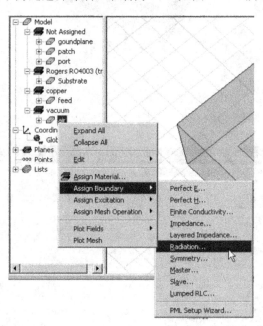

图 7-13

(2) 将缝隙开口处设置为理想磁壁。

通过 select by name 选中缝隙 slot 的上表面,进入 Assign Boundary 选项,点击

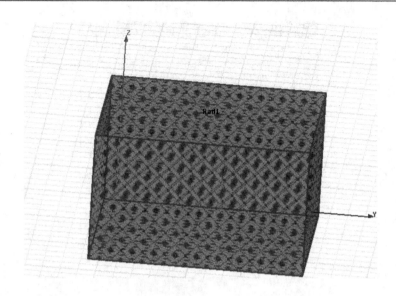

图 7 - 14

Perfect H。将没有设置的面默认为理想导体面。

（3）给波导一端开口处设置波端口，另一端不设置默认为理想导体面（即短路面）。设置积分线时，输入坐标如下：

X：0.0，Y：29.8125，Z：0.0

dX：0，dY：0.0，dZ：10.16

设置好后如图 7 - 15 所示。

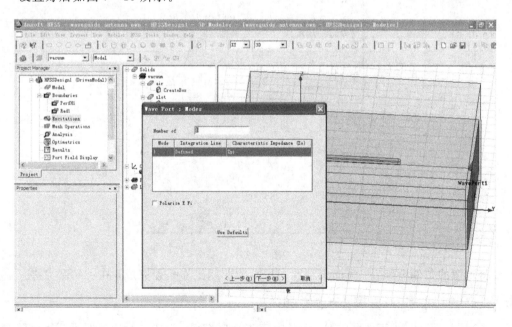

图 7 - 15

设置好积分线后，按图 7 - 16 所示进行设置，最后点击确定键。

图 7 - 16

4. 设置求解条件

在 Project 工作区选中 Analysis 项，点击鼠标右键，选择 Add Solution Setup。

这时系统会弹出求解设置对话框，我们把参数设为：点频为 10 GHz，最大迭代次数为 15，最大误差为 0.02，如图 7 - 17 所示。

图 7 - 17

将求解的条件设好后，我们来看看 HFSS 的前期工作是否完成，在 HFSS 菜单下，点击 Validation Check（或直接点击 📝 图标）。

再次选中 Project 工作区的 Analysis；点击鼠标右键，选中 Analyze 即可开始求解。

5. 优化求解

（1）首先我们定义几个优化变量及其范围。

在菜单栏中点击 Project/Project Variables，在 Project Variables 标签中选择 Value，点击 Add 添加工程变量 $L，将其值设为 13.5 mm；继续添加工程变量 $offset，将其值设为 2 mm。

（2）在操作历史树中将原有尺寸设置成已定义的工程变量值。

在操作历史树中展开 slot，双击 CreateBox，在弹出的对话窗口中将原尺寸改为如图 7-18 所示。

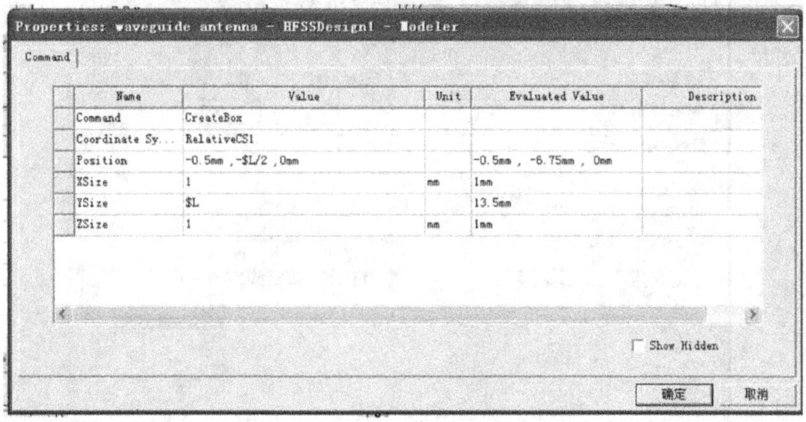

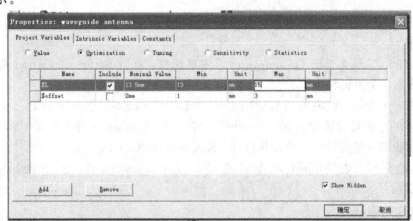

图 7-18

展开 slot 中的 Unite，双击 cylinder1 的 CreateCylinder，在弹出来的对话窗口中将 CenterPosition 原尺寸 X：0.0，Y：-7.0，Z：0.0 改为：X：0.0，Y：-$L/2，Z：0.0。

同样地，展开 slot 中的 Unite，双击 cylinder2 的 CreateCylinder，在弹出来的对话窗口中将 CenterPosition 原尺寸 X：0.0，Y：7.0，Z：0.0 改为：X：0.0，Y：$L/2，Z：0.0。

再在操作历史树中双击 slot 下的 Move，将 Move Vector 坐标修改为：$offset，0 mm，0 mm。

（3）设置优化函数。

① 在菜单栏中点击 Project/Project Variables，在 Project Variables 标签中选择 Optimization，选中待优化变量 $L，将优化变量的范围分别设置为[13 mm，15 mm]，如图 7-19 所示。

图 7-19

② 在菜单栏中点击 HFSS/Results/Output Variables，添加输出变量 cost。首先点击 Function，插入 abs。点击 Report 下拉菜单，选择 Model Solution Data，Solution 中选择 Setup1：Last Adaptive，然后进行如图 7-20 的设置。

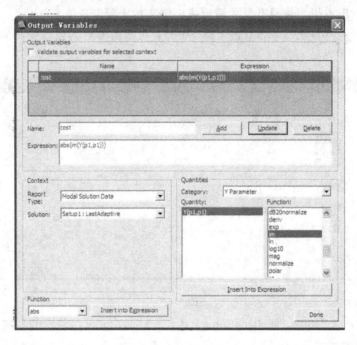

图 7-20

③ 选择 Project 工作区的 Optimetrics，点击鼠标右键，选择 Add 项进而选择 Optimization 项，如图 7-21 所示。

图 7-21

此时 HFSS 系统会弹出 Optimization 设置对话框，点击 SetupCalculation 按钮，跳出如图 7-22 所示的对话框。

如图 7-23 所示，在跳出的对话框点击 OutputVariables，选中 cost 添加为 CalculationExpression，再设置优化目标、Weight（权值）、Acceptable（可接受误差）等，让软件通过仿真自动找到接近设计目标的最佳尺寸。设置好后如图 7-24 所示。

④ 设置完后，在 Project 工作区选择 OptimizationSetup1，点击鼠标右键选择 Analyze 求解。

（4）优化结果。

经过优化，结果为：在 \$offset=2 mm 时，谐振长度 \$L=13.69 mm。

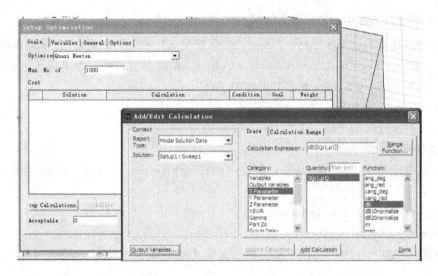

图 7 - 22

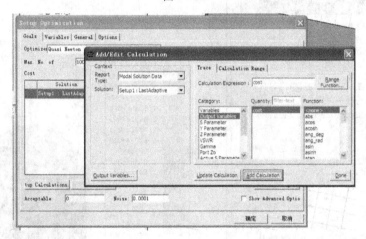

图 7 - 23

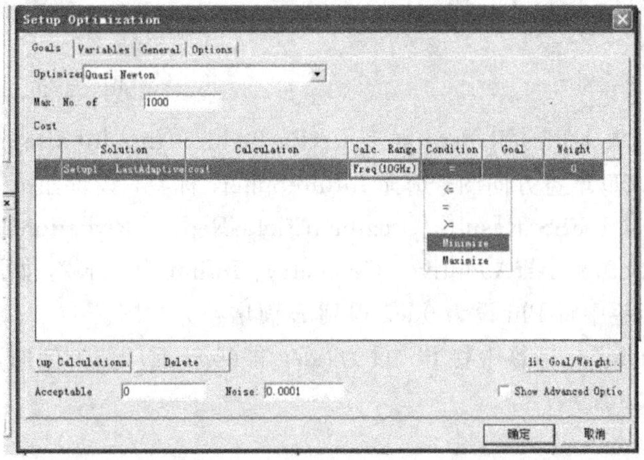

图 7 - 24

6. 波导缝隙天线的 HFSS 仿真结果

（1）经过优化后选择 offset＝2 mm，谐振长度 $L＝13.69$ mm，选择菜单项 HFSS/Radiation/Insert Far Field/Setup/Infinite Sphere，在跳出窗口中，为了看天线的 3D 增益方向图，选择 Infinite Sphere 标签，设置如下：

Phi：（Start：0，Stop：360，StepSize：2）

Theta：（Start：0，Stop：180，StepSize：2）

设置如图 7 - 25 所示。

（2）选择菜单项 HFSS/Results/Create FarField Report/3D Polar Plot，在跳出窗口中设置：

Solution：Setup1 LastAadptive

Geometry：Infinite Sphere1

点击确定键后，该天线 3D 增益方向图如图 7 - 26 所示。

图 7 - 25

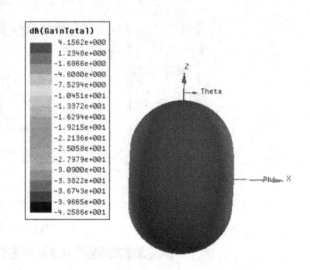

图 7 - 26

（3）选择菜单项 HFSS/Radiation/InsertFarField/Setup/InfiniteSphere，在跳出窗口中，为了看天线的 2D 增益方向图，选择 InfinteSphere 标签，设置如图 7 - 27 所示。

（4）选择菜单项 HFSS/Results/CreateFarFieldsReport/RadiationPattern，在跳出窗口中设置 Solution：Setup1LastAadptive；Geometry：InfiniteSphere2，如图 7 - 28 所示。

在 Families 标签中将 Phi 设为 0deg 得到 E 面增益方向图。

同样地，在 Families 标签中将 Phi 设为 0deg 得到 H 面增益方向图，最后该天线 2D 增益方向图如图 7 - 29 所示。

图 7 - 27

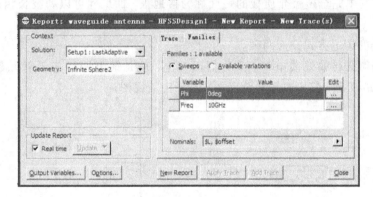

图 7 - 28

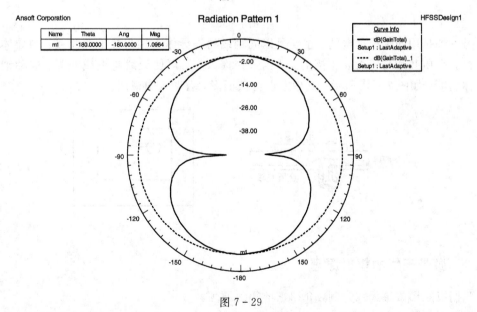

图 7 - 29

7.2　微　带　天　线

7.2.1　微带天线的结构

微带天线是一种新型天线，其理论分析日趋成熟，应用范围也日趋广泛。各种形状的微带天线已在移动通信、卫星通信、导弹雷达及遥测技术等领域得到广泛应用。近年来微带天线越来越受到人们的重视，因为它具有很多其他天线所没有的特点：可方便地实现线极化或圆极化以及双频率工作；体积小，重量轻，价格低，尤其具有很小的剖面高度，易于附着于任何金属物体表面，最适用于某些高速运行的物体，如飞机，火箭，导弹等；容易和有源器件、微波电路集成为统一的组件，因而适合大规模生产。在现代通信中，微带天线广泛地应用于 100 MHz~50 GHz 的频率范围。

微带天线是由一块厚度远小于波长的介质板(称为介质基片)和覆盖在它的两面上的金属片构成的，其中完全覆盖介质板的一面称为接地板，而尺寸可以和波长相比拟的另一面称为辐射元。

微带天线的馈电方式分为两种。

一种是用微带传输线馈电的，又称侧面馈电，就是馈电网络与辐射元刻制在同一表面，如图 7-30 所示，其中左图为截面图，右图为俯视图。

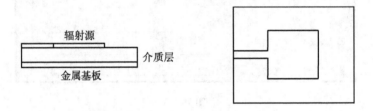

图 7-30

另一种是用同轴线馈电的，主要是以同轴线的外导体直接与接地板相接，内导体穿过接地板和介质基片与辐射元相接的。适当选择馈入点，可使天线与馈线匹配。这种馈电方式又称底馈，如图 7-31 所示，其中左图为截面图，右图为俯视图。

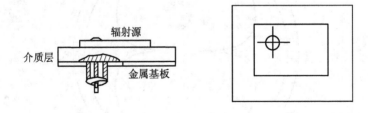

图 7-31

7.2.2　微带天线的辐射原理

我们以矩形微带天线为例，介绍它的辐射原理。

设辐射元的长为 l，宽为 w，介质基片的厚度为 h，现将辐射元、介质基片和接地板视

为一段长度为 l 的微带传输线，在传输线的两端断开形成开路，如图 7 - 32 所示。

　　由于基片厚度 $h \ll \lambda$，场沿 h 方向均匀分布，在最简单的情况下，场在宽度 w 方向也没有变化，而仅在长度方向有变化，其场分布如图 7 - 33 所示。

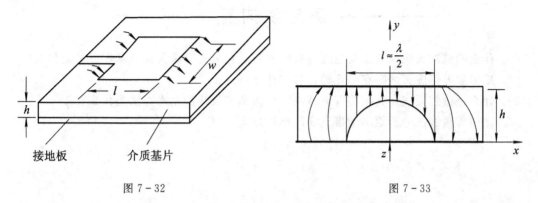

图 7 - 32　　　　　　　　　　　　　　　　　　图 7 - 33

矩形微带天线的辐射场可以基本上认为是由辐射片两端开路（始端与终端）上边缘场产生的。在两个开路端的电场均可以分解为相对于接地板垂直的法向分量和相对于接地板平行的切向分量，两端口处的垂直分量方向相反，水平分量方向相同，因而在垂直于接地板的方向上，两个水平分量的电场所激发的远区场同相叠加，而两个垂直分量所产生的场反相抵消。因此，两个开路端的水平分量可以等效为无限大的平面上同相激励的两个缝隙，如图 7 - 34 所示。

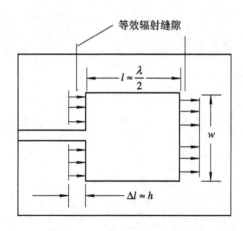

图 7 - 34

　　缝隙的电场方向与长边 w 垂直，并沿长边均匀分布。缝的宽度 $\Delta l \approx h$，长度为 w，两缝间距 $l \approx \lambda / 2$。这就是说，矩形微带天线的辐射可以等效为由两个缝隙所组成的二元阵。其方向特性等参数可以根据天线阵的知识讨论得到。

　　进一步的分析可以得到，微带天线的方向系数较低。除此之外，微带天线的缺点还有频带窄、损耗大、功率容量小等。尽管如此，由于微带制作的天线阵一致性很好，且易于集成，故很多场合中将其设计成微带天线阵，而得到了广泛的应用。

　　目前微带天线已广泛应用于军事及民用领域，例如在各种雷达、通信、遥感等设备，特别是在各种空间飞行器上获得了广泛的应用。

　　微带天线的发展历史较短,有许多问题尚待解决。特别突出的有两个问题:一个是在实验基础上研究建立起微带天线完整的理论和分析方法;另一个是如何展宽微带天线的频带,提高效率。随着这两个问题的解决,微带天线的应用将更加广泛。

～～～～～～～～～～ **课后练习题** ～～～～～～～～～～

　　1. 什么叫缝隙天线? 其结构与近场有哪些特点? 分析缝隙天线的基本方法是什么?

　　2. 矩形波导缝隙天线阵有哪几种? 各有什么特点?

　　3. 什么是微带天线? 其结构有何特点? 分析微带天线的基本方法是什么?

　　4. 试用传输线法分析矩形微带天线的辐射原理。

项目八　用 HFSS 仿真喇叭天线

- 了解面元辐射基本原理。
- 了解矩形口面的辐射特性。
- 知道喇叭天线的结构特点。
- 了解喇叭天线的方向特性。

❖ 工作任务 ❖

- 用 HFSS 仿真计算喇叭天线的特性参数。

本章介绍另一种类型的天线——面天线，该天线的主体是其尺寸远大于工作波长的金属面状结构。面天线用在无线电频谱的最高端，特别是微波波段，其最重要的特点是具有强方向性。

常见的面天线有喇叭天线、抛物面天线等，它们都已被广泛地应用于微波中继通信系统、卫星通信及雷达、导航等方面。

微波频段的面天线通常由两个具有不同作用的部分组成：一个是初级辐射器，通常用对称振子、缝隙或喇叭构成，其作用是将高频电流或导波的能量转变为电磁辐射能量；另一个是使天线形成所要求的方向特征的辐射口面，如喇叭的口面、抛物反射面等。由于辐射口面的尺寸可以做到远大于工作波长，因此面天线在合理的尺寸下可得到很高的增益，这样就不必用很大功率的发射机了。

面天线的分析步骤与线天线的分析步骤类似，即先求出它们的辐射场，再分析方向性、阻抗特性等。当然，用严格的数学方法求解会非常麻烦，常常借用计算机辅助或经验公式求解。

8.1　面天线辐射的基本原理

8.1.1　面元的辐射

如图 8-1 所示，面天线的结构包括金属导体 S'、金属导体的开口面 S（即口径面）及由 S' 和 S 所构成的封闭曲面内的辐射源。

由于在封闭面上有一部分是导体面 S'，所以其上的场为零，这样使得面天线的辐射问

题简化为口径面 S 的辐射。设口径面上的场分布为 E_S，根据惠更斯—菲涅尔原理，面天线向空间辐射的电磁波，可以看成是由口径面 S 上变化的电磁场激发的。把口径面分割为许多面元 dS，称为惠更斯元。

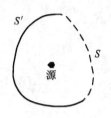

图 8-1

面元是构成面天线口径的微面积单元，它的作用与电流元(电基本振子)在线天线中所起的作用类似。由面元上的场分布即可求出其相应的辐射场。下面先来分析惠更斯元的辐射场。

设平面口径上的一个惠更斯元为 $dS = dxdy$，如图 8-2 所示，其中 $\boldsymbol{n}$ 为惠更斯元 dS 的法线矢量。

面元位于 xOy 平面上，坐标原点位于面元的中心，长 $dx \ll \lambda$，宽 $dy \ll \lambda$。面元上的场在面元上为均匀分布，即各点的场强大小和相位都相同，且只有切向分量。若面元上切向电场为 E_{Oy}，切向磁场为 H_{Ox}，则 $E_{Oy}/H_{Ox} = 120\pi$。根据等效原理，我们可以把此基本辐射单元看成是由正交的基本电振子和基本磁振子组成的。基本电振子平行于 y 轴，长度为 dy，基本磁振子平行于 x 轴，长度为 dx。因而惠更斯元可以看做两个正交的长度为 dy，大小为 $H_{Ox} dx$ 的电基本振子与长度为 dx、大小为 $E_{Oy} dy$ 的磁基本振子的组合。

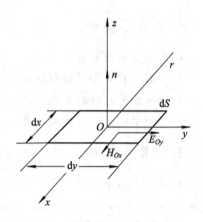

图 8-2

面元的辐射可以由这两个互相垂直的等效电流元和等效磁流元来代替。这两个线元辐射场的合成，就是面元的辐射场。

基本振子上的电流或磁流可根据面上的边界条件得到。

基本电振子的电流为

$$I = H_{Ox} dx \tag{8-1}$$

基本磁振子的磁流为

$$I_m = E_{Oy} dy \tag{8-2}$$

为了便于分析，先求 $\varphi = 0°$ 及 $\varphi = 90°$ 的两个主平面的电场强度。

在 $\varphi = 0°$ 的平面上(H 面，即 xOz 平面)的空间任意一点 M 由基本电振子和基本磁振子产生的场强推导如下。

对于基本电振子，此平面为垂直于基本电振子轴的平面，射线与振子轴所成之角度为 $90°$，此平面为电流元的最大辐射平面，因此它在该平面上 M 点所产生的场强为

$$dE_{1\varphi} = j \frac{60\pi I \, dy}{\lambda r} e^{-j\beta r} = j \frac{120\pi H_{Ox}}{2\lambda r} dx \, dy \, e^{-j\beta r} = j \frac{E_{Oy}}{2\lambda r} dx \, dy \, e^{-j\beta r} \tag{8-3}$$

对于基本磁振子，此平面为通过基本磁振子轴的平面，射线与振子轴所成的角度为 $90° - \theta$，因此磁流元所产生的场为

$$dE_{2\varphi} = j \frac{E_{Oy}}{2\lambda r} dx \, dy \, \cos\theta e^{-j\beta r} \tag{8-4}$$

那么由基本电振子和基本磁振子在 H 面 M 点所产生的电场的总和为

$$dE_\varphi = dE_{1\varphi} + dE_{2\varphi} = j \frac{E_{Oy}}{2\lambda r} dx\ dy(1+\cos\theta)e^{-j\beta r} \qquad (8-5)$$

在 $\varphi = 90°$ 的平面上（E 面，即 yOz 平面），任意一点由基本电振子和基本磁振子所产生的场强可计算如下。

对于基本电振子，此平面为通过振子轴的平面，射线与振子轴所成的角度为 $90°-\theta$，则它在 M 点所产生的场强为

$$dE_{1\theta} = j \frac{E_{Oy}}{2\lambda r}\cos\theta\ dx\ dye^{-j\beta r} \qquad (8-6)$$

式中，方向性函数因子为 $\cos\theta$ 而不是 $\sin\theta$，是因为在此处所选坐标系中，θ 是射线与等效电流元轴线的垂线的夹角，它与以前所选取的射线与线元轴线的夹角互为余角。

对于基本磁振子，此平面为垂直于磁振子的平面，射线与磁振子轴成 $90°$，所以 E 面正好是磁流元具有最大辐射的平面，它在 M 点所产生的场强为

$$dE_{2\theta} = j \frac{E_{Oy}}{2\lambda r} dx\ dy\ e^{-j\beta r} \qquad (8-7)$$

那么，由基本电振子和基本磁振子在 E 面 M 点所产生的场强的总和为

$$dE_\theta = dE_{1\theta} + dE_{2\theta} = j \frac{E_{Oy}}{2\lambda r} dx\ dy\ (1+\cos\theta)e^{-j\beta r} \qquad (8-8)$$

当 φ 为任意值时，可将电振子和磁振子分成两个分量，一个与 E 平面平行，另一个与 E 平面相垂直。

可以证明，对于任意 θ 和任意 φ 方向，电场强度同时具有 θ 和 φ 两个分量，如下列形式：

$$dE_\theta = j \frac{E_{Oy}}{2\lambda r} dx\ dy\ \sin\varphi(1+\cos\theta)e^{-j\beta r} \qquad (8-9)$$

$$dE_\varphi = j \frac{E_{Oy}}{2\lambda r} dx\ dy\ \cos\varphi(1+\cos\theta)e^{-j\beta r} \qquad (8-10)$$

则惠更斯面元在空间任意一点 M 处所产生的场为

$$dE_M = \sqrt{|\ dE_\theta\ |^2 + |\ dE_\varphi\ |^2} = j \frac{E_{Oy}}{2\lambda r}(1+\cos\theta)dxdy\ e^{-j\beta r} \qquad (8-11)$$

这就是平面口径面上惠更斯面元的场微分。

在研究天线方向性时，通常只关心两个主平面的情况，所以，我们只介绍面元的两个主平面的辐射。

在式（8-9）、（8-10）中，令 $\varphi = 90°$ 得面元在 E 平面的辐射场为

$$dE_E = j \frac{E_{Oy}dS}{2\lambda r}e^{-j\beta r}(1+\cos\theta) \qquad (8-12)$$

其中，$$dS = dxdy$$

同样，令 $\varphi = 0°$ 得面元在 H 平面的辐射场为

$$dE_H = j \frac{E_{oy}dS}{2\lambda r}e^{-j\beta r}(1+\cos\theta) \qquad (8-13)$$

由于式（8-12）与式（8-13）两等式右边在形式上相同，故惠更斯元在 E 面和 H 面的辐射场可统一为

$$dE = j\frac{E_{Oy}\,dS}{2\lambda r}e^{-j\beta r}(1+\cos\theta) \qquad (8-14)$$

因此，惠更斯元在 E 面和 H 面的方向性函数均为

$$|F(\theta)| = \left|\frac{1}{2}(1+\cos\theta)\right| \qquad (8-15)$$

按上式可画出 E 面和 H 面的方向图如图 8-3 所示。

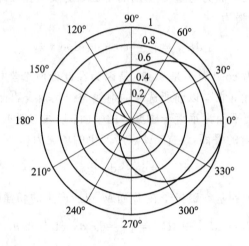

图 8-3

由图 8-3 可知，惠更斯元具有单向辐射特性，其最大辐射方向在 $\theta=0°$ 方向上，即最大辐射方向与面元垂直。

面元是面天线的基本辐射单元，正如线元与线天线的关系一样。面天线是由很多面元构成的，它们是一种连续阵。因此，计算面天线在空间的辐射场时需要采取积分的方法。

8.1.2　同相等幅矩形口径面的辐射特性

我们研究最简单的情形，即整个口径面的场同相等幅时的辐射特性。设矩形口径面的尺寸为 $d_1 \times d_2$，根据前面讨论，积分得 E 平面和 H 平面方向性函数分别为

$$F_E(\theta) = \frac{(1+\cos\theta)}{2}\frac{\sin\left(\frac{\beta d_2}{2}\sin\theta\right)}{\frac{\beta d_2}{2}\sin\theta} \qquad (8-16)$$

$$F_H(\theta) = \frac{(1+\cos\theta)}{2}\frac{\sin\left(\frac{\beta d_1}{2}\sin\theta\right)}{\frac{\beta d_1}{2}\sin\theta} \qquad (8-17)$$

由上式可见，方向性函数由两部分组成：一个因子是 $(1+\cos\theta)/2$，为惠更斯面元的自因子；第二个因子是口径面上连续分布源的阵因子。电场和磁场的方向图形状一样，如图 8-4 所示。

由图 8-4 可知，最大辐射方向在 $\theta=0°$ 方向上，且当 $d_1 \gg \lambda$，$d_2 \gg \lambda$ 时，辐射场能量主要集中在 z 轴附近较小的 θ 角范围内，因此在分析主瓣特性时，可认为 $\frac{(1+\cos\theta)}{2}\approx 1$。于是，可以近似地只考虑阵因子，且由于 $F_E(\theta)$ 与 $F_H(\theta)$ 的形式完全相同，因此可统一地表

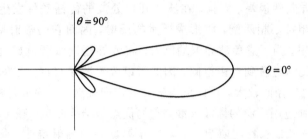

$$\theta = 90°$$

$$\theta = 0°$$

图 8 - 4

示 E 面及 H 面的方向性函数为

$$F(\theta) \approx \frac{\sin\psi}{\psi} \tag{8-18}$$

式中：

$$\psi = \psi_1 = \frac{\beta d_1}{2}\sin\theta \quad (\text{对 } H \text{ 面}) \tag{8-19}$$

$$\psi = \psi_2 = \frac{\beta d_2}{2}\sin\theta \quad (\text{对 } E \text{ 面}) \tag{8-20}$$

由此可以看出等幅同相矩形口径面的最大辐射方向在 $\psi=0$ 处，即，最大辐射方向在同相矩形口径面的法线方向。

8.2　喇　叭　天　线

8.2.1　喇叭天线的结构特点

喇叭天线是由波导壁逐渐张开并延伸构成的。如图 8-5 所示，馈电波导可以是矩形或圆形的，图(a)是 H 面扇形喇叭，它是保持矩形波导窄边尺寸不变，逐渐张开宽边，即在 H 面逐渐扩展所形成的；图(b)是 E 面扇形喇叭，它是保持矩形波导宽边尺寸不变，逐渐张开窄边，即在 E 面逐渐扩展所形成的；图(c)为楔形角锥喇叭，它是矩形波导宽边和窄边同时张开后形成的，角锥喇叭分两种，喇叭的四个棱边交于一点的称为尖顶角锥喇叭，喇叭的四棱边交于两点的称做楔形角锥喇叭；图(d)是圆锥喇叭，它是由圆波导半径逐渐张开形成的。

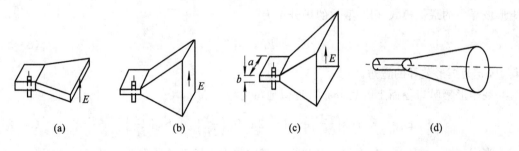

(a)　　　　　　(b)　　　　　　(c)　　　　　　(d)

图 8 - 5

根据惠更斯原理，终端开口的波导管可以构成一个辐射器。但是，波导口径面的电尺寸很小，其辐射的方向性很差，而且，在波导开口处波的传播条件发生突变，波导与开口面以外的空间特性阻抗不相匹配，将形成严重的反射，因而它的辐射特性差。所以，开口波导不宜做天线使用。为了避免波导末端反射，将波导逐渐张开就成为喇叭天线。因为波导逐渐张开，使其逐渐过渡到自由空间，因此可以改善波导与自由空间在开口面上的匹配情况。另外，喇叭的口径面较大，可以形成较好的定向辐射，从而取得良好的辐射特性。

喇叭天线是一种应用广泛的微波天线，它的优点是结构简单、频带较宽、功率容量大、调整与使用方便。合理地选择喇叭尺寸，可以获得良好的辐射特性。此外，新型的多模喇叭和波纹喇叭能使矩形口径面具有几乎为旋转对称的方向图，有利于提高组合天线的效率及增益系数，以适合卫星通信和无线电天文学等对天线特性有较高要求的场合。

8.2.2　矩形口径喇叭天线

矩形喇叭是由矩形波导两壁张开而成的，如图8-6给出了矩形口径喇叭的几何结构。

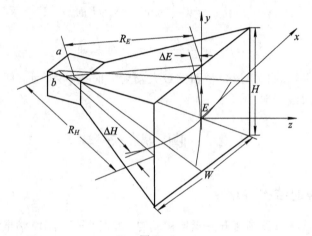

图 8-6

通常各喇叭壁的斜径是不相等的。输入波导的高为 b 而宽为 a，口径 E 面即 yOz 面高为 H，H 面即 xOz 面宽度为 W。每个口径截面上都有各自的平方相差常数，它们是

$$S_E = \frac{H^2}{8\lambda R_E} \tag{8-21}$$

$$S_H = \frac{W^2}{8\lambda R_H} \tag{8-22}$$

矩形波导中的最低模式 TE_{10} 型波的场分布为

$$E_y = E_0 \cos\left(\frac{\pi x}{a}\right) \tag{8-23}$$

其中，a 为矩形波导的宽边。

在矩形喇叭口径面上的场分布可近似地写为

$$E_y = E_0 \cos\left(\frac{\pi x}{W}\right) \exp\left\{-j2\pi\left[S_E\left(\frac{2y}{H}\right)^2 + S_H\left(\frac{2x}{H}\right)^2\right]\right\} \tag{8-24}$$

当 $R_E = R_H = R$ 时，角锥喇叭从楔形变成尖顶形。其口径场为

$$E_S = E_y = E_0 \cos\left(\frac{\pi x}{W}\right) \cdot e^{-j\frac{\pi}{\lambda R}(x^2+y^2)} \tag{8-25}$$

当 $R_H \rightarrow \infty$ 时，可得 E 面扇形喇叭口径场为

$$E_s = E_y = E_0 \cos\left(\frac{\pi x}{W}\right) \cdot e^{-j\frac{\pi y^2}{\lambda R_E}} \qquad (8-26)$$

当 $R_E \rightarrow \infty$ 时，可得 H 面扇形喇叭口径场为

$$E_s = E_y = E_0 \cos\left(\frac{\pi x}{W}\right) \cdot e^{-j\frac{\pi}{\lambda}\frac{x^2}{R_H}} \qquad (8-27)$$

当 $R_E = R_H = \infty$ 时，可得矩形波导中 TE_{10} 型波的口径场为

$$E_s = E_y = E_0 \cos\left(\frac{\pi x}{W}\right) \qquad (8-28)$$

由以上各式可见，普通矩形喇叭的口径场的振幅分布都保留矩形波导 TE_{10} 波的余弦规律，口径场的相位则因波导壁的逐渐张开而呈平方律变化。

在已知口径场的分布后，就可按前面计算面天线辐射场的方法求以上各种喇叭天线的辐射场，并确定其方向性。

8.2.3　用 HFSS 仿真喇叭天线的方向性

任务要求：用 HFSS 仿真喇叭天线的方向性。

测试设备：计算机、HFSS 软件。

设计步骤

1. 初始步骤

（1）打开软件 Ansoft HFSS。

点击 start 按钮，选择 program，然后选择 Ansoft/HFSS11，点击 HFSS11。

（2）新建一个项目。

在窗口中，点击新建，或者选择菜单项 File/New，在 Project 菜单中，选择 Insert/HFSS/Design。

（3）设置求解类型。

点击菜单项 HFSS/Solution Type，在跳出窗口中选择 Driven Modal，再点击 OK 按钮，如图 8-7 所示。

（4）为建立模型设置单位为英寸，如图 8-8 所示。

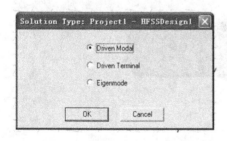

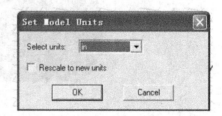

图 8-7　　　　　　　　　　　　　　　　图 8-8

2. 创建 3D 模型

1）绘制喇叭天线

（1）选择菜单项 Draw/Cylinder，绘制一个圆柱体。

设置圆柱体中心点坐标：

X：0.0，Y：0.0，Z：0.0，按下确认键；再输入 dX：0.838，dY：0.0，dZ：0.0；再输入 dX：0.0，dY：0.0，dZ：3.0，按下确认键。

定义圆柱体的属性：Name 为 waveguide，Transport 项为 0.8。

（2）设置相对坐标系。

由主菜单选 Modeler/Coordinate System/Create/Relative CS/Offset，设置相对坐标系；在坐标输入栏中输入坐标系原点坐标：X：0.0，Y：0.0，Z：3.0，按下确认键结束输入。

（3）创建 Taper。

选择菜单项 Draw/Cone，在坐标输入栏输入圆心点的坐标：

X：0.0，Y：0.0，Z：0.0，按下确认键；

再输入 dX：0.838，dY：0.0，dZ：0.0；再输入 dX：0.709，dY：0.0，dZ：0.0；再输入 dX：0.0，dY：0.0，dZ：1.277 后，按下确认键。

定义属性：Name 为 Taper，Transport 项为 0.8。

（4）再次设置相对坐标系。

由主菜单选 Modeler/Coordinate System/Create/Relative CS/Offset，设置相对坐标系；在坐标输入栏中输入坐标系原点坐标：X：0.0，Y：0.0，Z：1.277，按下确认键结束输入。

（5）创建 Throat。

选择菜单项 Draw/Cylinder，绘制一个圆柱体；设置圆柱体中心点坐标，X：0.0，Y：0.0，Z：0.0，按下确认键；再输入 dX：1.547，dY：0.0，dZ：0.0；再输入 dX：0.0，dY：0.0，dZ：3.236，按下确认键。

定义圆柱体的属性：Name 为 Throat，Transport 项为 0.8。

（6）将已建立的模型组合起来。

将已建立的模型显示调整至合适大小，再将所有模型选中，由主菜单选 Modeler/Boolean/Unit 将所有模型组合起来；为组合模型重新命名为 Horn-Air，如图 8-9 所示。

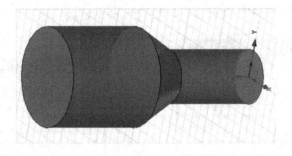

图 8-9

（7）改变当前坐标系。

由主菜单选 Modeler/CoordinateSystem/SetWorkingCS，在选择坐标系窗口中，在下拉菜单中选择 CS：Global，点击 Select 按钮，设置当前坐标系为 Global。

（8）挖掉 Horn-Air 创建喇叭天线模型 Horn。

① 选择菜单项 Draw/Cylinder，绘制一个圆柱体；设置圆柱体中心点坐标，X：0.0，Y：0.0，Z：0.0，按下确认键；再输入 dX：1.647，dY：0.0，dZ：0.0；再输入 dX：0.0，dY：0.0，dZ：7.463，按下确认键。

定义圆柱体的属性：Name 为 Horn。

② 将已建立的模型显示调整至合适大小，再将所有模型选中，由主菜单选 Modeler/Boolean/Subtract，在 Subtract 窗口中设置：

Blank Parts：Horn

Too lParts：Horn-Air

Clone tool objects before subtract 复选框不选，点击 OK 按钮结束。得喇叭天线模型如图 8-10 所示。

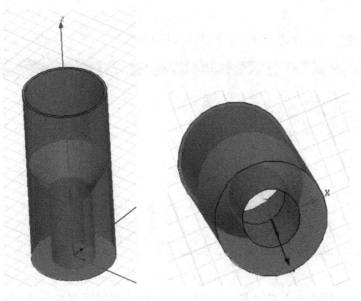

图 8-10

2）给喇叭天线模型设置材料特性

在操作历史树中选中喇叭天线模型 Horn，单击鼠标右键，进入 Properties 选项，我们把喇叭天线模型 Horn 的材料属性 Material 设置为理想导体 pec，如图 8-11 所示。

3）绘制空气盒

软件在计算辐射特性时，是在模拟实际的自由空间的情形。类似于将天线放入一个矩形微波暗室。一个在暗室中的天线辐射出去的能量理论上不应该反射回来。在模型中的空气盒子就相当于暗室，它吸收天线辐射出的能量，同时可以提供计算远场的数据。空气盒子的设置一般来说有两个关键：一是形状，二是大小。形状就像微波暗室一样，要求反射尽可能得低，那么就要求空气盒子的表面应该与模型表面平行，这样能保证从天线发出的波尽可能垂直入射到空气盒子内表面，确切地说，是要使大部分波辐射到空气盒子的内表面入射角要小，尽可能少地防止反射的发生。理论上来说，空气盒子越大越接近理想自由空间；极限来说，如果盒子无限大，那么模型就处在一个理想自由空间中。但是硬件条件不允许盒子太大，越大计算量越大。一般要求空气盒子离开最近的辐射面距离不小于 1/4 波长。因为要设计的天线总体是个圆柱体，故中心频率为 5 GHz，对应波长为 0.06 m，所

Properties: hfss_2_horn - HFSSDesign1 - Modeler
Attribute
Name
Value
Unit
Evaluated Value
Description
Read-only
Name
Horn
Material
pec
Solve Inside
Orientation
Global
Model
Display Wiref...
Color
Edit
Transparent
0.61
Show Hidden
确定
取消

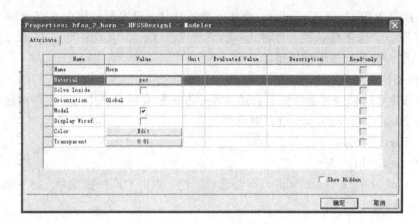

图 8-11

以所设置的圆柱体空气盒的尺寸坐标如图 8-12 所示。

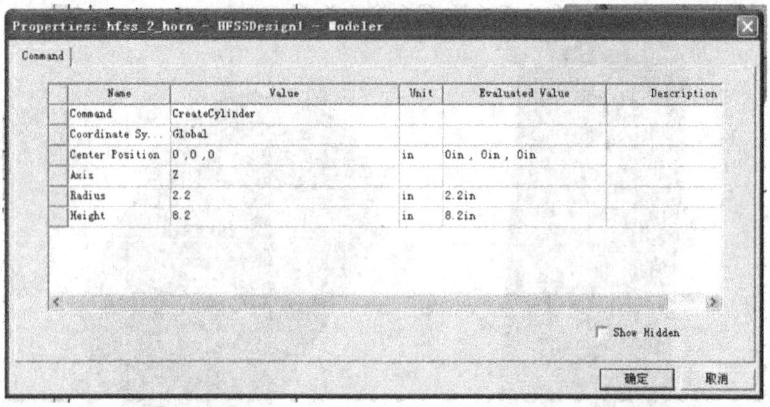

Properties: hfss_2_horn - HFSSDesign1 - Modeler
Command
Name
Value
Unit
Evaluated Value
Description
Command
CreateCylinder
Coordinate Sy...
Global
Center Position
0 ,0 ,0
in
0in , 0in , 0in
Axis
Z
Radius
2.2
in
2.2in
Height
8.2
in
8.2in
Show Hidden
确定
取消

图 8-12

设置完毕后，同时按下 Ctrl 键和 D 键(Ctrl+D)，将视图调整一下，画得天线图案，如图 8-13 所示。

Z
Y

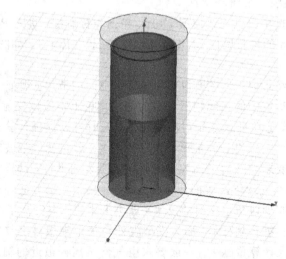

图 8-13

3. 设置边界条件和激励源

（1）将 air 设置成辐射边界条件。

在操作历史树中选中 air，单击鼠标右键，进入 Assign Boundary 选项，点击 Raditation 选项，如图 8-14 所示。此时 HFSS 系统提示为此边界命名，取名为 air，如图 8-15 所示。设置 air 边界条件后的视窗如图 8-16 所示。

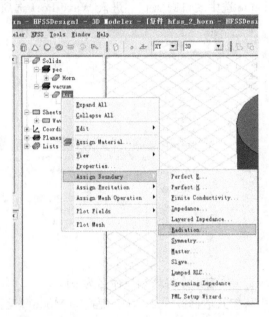

图 8-14

图 8-15

图 8-16

（2）创建波端口激励。

① 创建波端口圆面模型。

② 选择菜单项 Draw/Circle，绘制一个圆形；设置圆形中心点坐标，X：0.0，Y：0.0，Z：0.0，按下确认键；再输入半径 dX：0.838，dY：0.0，dZ：0.0，按下确认键结束。定义圆面的属性：Name 为 p1。

③ 通过 select by name 选中端口圆面 p1，进入 Wave Port 选项，如图 8-17 所示。

图 8-17

④ 在跳出来的 Wave Port 窗口中将该端口命名为 p1。

⑤ 在 Modes 标签中将模式数修改为 2，对于模式 1（Mode1）设置积分线时，输入坐标如下：

X：−0.823，Y：0.0，Z：0.0

dX：1.676，dY：0.0，dZ：0.0

对于模式 2（Mode2）设置积分线时，选择 Copy from Mode1，如图 8-18 所示。

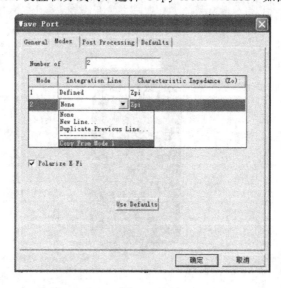

图 8-18

再选中 Polarize E Fields 复选框，设置好后如图 8 - 19 所示。

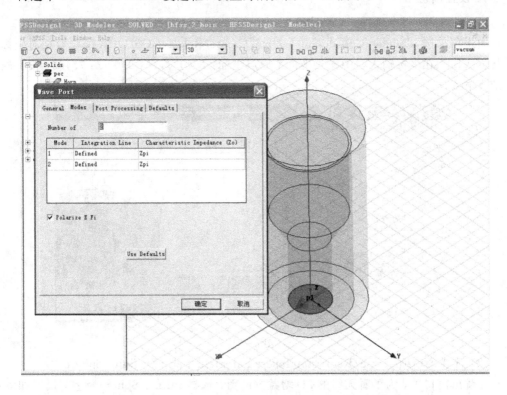

图 8 - 19

设置好积分线后，接下来的设置如图，最后点击确认键，如图 8 - 20 所示。

图 8 - 20

至此边界条件和激励源即分配完毕。

4. 设置辐射场

(1) 设置相对坐标系 RelativeCS3。

由主菜单选 Modeler/Coordinate System/Create/Relative CS/Offset，设置相对坐标系 RelativeCS3；在坐标输入栏中输入坐标系原点坐标：X：0.0，Y：0.0，Z：7.463，按下确认键结束输入。

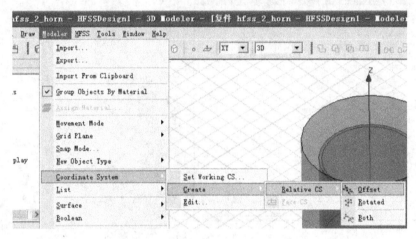

图 8 - 21

(2) 选择菜单项 HFSS/Radiation/Insert Far Field/Setup/Infinite Sphere。

在跳出窗口中，为了看天线的 2D 增益方向图，选择 Infinte Sphere 标签，设置如下：Name：ff_2d；Phi：(Start：0，Stop：90，StepSize：90)；Theta：(Start：-180，Stop：180，StepSize：2)。

(3) 在 Coordinate System 标签中，选择如图 8 - 22 所示。

图 8 - 22

5. 设置求解条件

（1）在 Project 工作区选中 Analysis 项，点击鼠标右键，选择 Add Solution Setup。

这时系统会弹出求解设置对话框，把参数设为：求解频率为 5.0 GHz，最大迭代次数为 10，最大误差为 0.02，如图 8-23 所示。

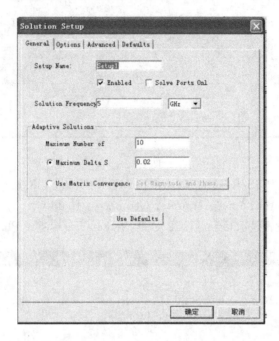

图 8-23

（2）将求解的条件设好后，看看 HFSS 的前期工作是否完成。在 HFSS 菜单下，点击 Validation Check（或直接点击 图标），通过检测后，显示如图 8-24 所示。

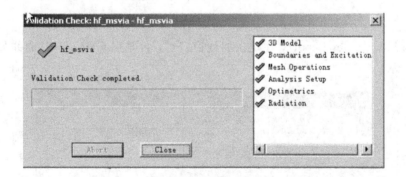

图 8-24

再次选中 Project 工作区的 Analysis；点击鼠标右键，选中 Analyze 即可开始求解。结束后，就可以观察喇叭天线的仿真结果了。

6. 喇叭天线的 HFSS 仿真结果

观察天线的 2D 直角坐标下增益方向图。

（1）选择菜单项 HFSS/Field/Edit Source。

（2）在 Edit Source 窗口中，设置如图 8 - 25 所示。

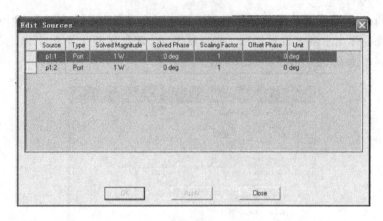

图 8 - 25

（3）选择菜单项 HFSS/Results/Create Far Fields Report/Rectangular Plot，在跳出窗口中设置 Solution：Setup1 Last Aadptive；Geometry：ff_2d。

在 Trace 标签中设置显示 Gain RHCP 如图，在 Families 标签中 Phi 设为如图 8 - 26 所示。

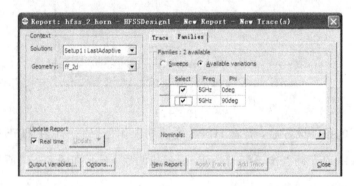

图 8 - 26

设置好后点击 NewReport，在跳出曲线窗口后，再添加 GainLHCP 曲线如图 8 - 27、图 8 - 28 所示。

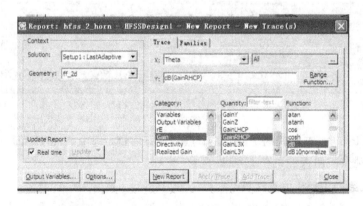

图 8 - 27

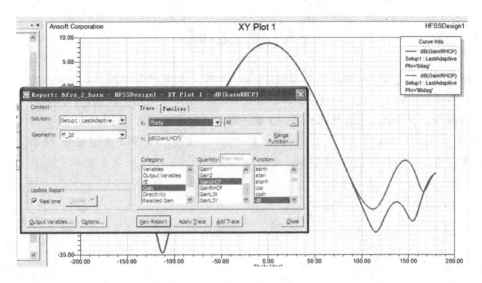

图 8 – 28

最后该天线 2D 直角坐标下增益方向图如图 8 – 29 所示。

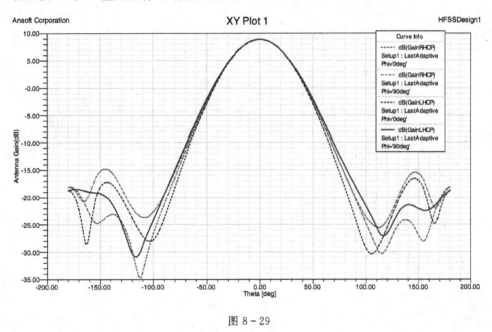

图 8 – 29

～～～～～～～ 课 后 练 习 题 ～～～～～～～

1. 喇叭天线的结构和口径场有什么特点？

2. 查找资料，简述旋转抛物面天线的结构及其工作原理，它有哪些特点？

3. 自己调整喇叭天线的建模参数，重新利用 HFSS 仿真喇叭天线的方向特色，体会其变化规律。

4. 查找资料，简述卡塞格伦天线的结构及其工作原理。

参 考 文 献

[1]　谢处方，饶克谨. 电磁场与电磁波. 4 版. 北京：高等教育出版社，2006.

[2]　许学梅，杨延嵩. 天线技术. 2 版. 西安：西安电子科技大学出版社，2009.

[3]　闫润卿，李英惠. 微波技术基础. 2 版. 北京：北京理工大学出版社，2003.

[4]　[美]John D. Kraus 著. 天线. 3 版. 章文勋译. 北京：电子工业出版社，2005.

[5]　曹善勇. Ansoft HFSS 磁场分析与应用实例. 北京：中国水利出版社，2010.